张伶◎编著

女孩气质超群、出类拔萃的成长读本

瓜果得到养料才能长得香甜，
女孩汲取优质思想才能有出息、有志气。

知识让女孩有气质，独立让女孩有出息，
走进女孩内心世界，把握女孩成长细节，教会女孩少入误区，帮助女孩终成大器。

中国纺织出版社

内 容 提 要

志气，是人生成功的支点，一个有志气的人才会通过不断努力去实现愿望，同样，有志气的女孩也可以不去依靠其他，而是通过双手去描画属于自己的天空。

本书从细微处着手，教会女孩从小培养志气，通过养成好习惯、建立自信心、提升内涵和气质来完善自己，为多姿多彩的人生奠定扎实的基础。

图书在版编目（CIP）数据

做个有志气的女孩 / 张伶编著. --北京：中国纺织出版社，2016.8（2021.8 重印）

ISBN 978-7-5180-2673-9

Ⅰ.①做… Ⅱ.①张… Ⅲ.①女性—成功心理—青少年读物 Ⅳ.①B848.4-49

中国版本图书馆CIP数据核字（2016）第117460号

责任编辑：闫　星　　　　责任印制：储志伟

中国纺织出版社出版发行

地址：北京市朝阳区百子湾东里A407号楼　邮政编码：100124

销售电话：010—67004422　传真：010—87155801

http：//www.c-textilep.com

E-mail：faxing@c-textilep.com

中国纺织出版社天猫旗舰店

官方微博http://weibo.com/2119887771

佳兴达印刷（天津）有限公司印刷　各地新华书店经销

2016年8月第1版　2021年8月第2次印刷

开本：710×1000　1/16　印张：17

字数：202千字　定价：43.80元

前

preface

生活中，我们经常会用“有出息”或“没出息”来评价一个女孩，我们说一个女孩“有出息”，意味着这个女孩将来能做大事，成大事。不过，女孩需要知道，自己若想有出息，最大的前提是要有志气。有了志气，才能有更远大的目标，有前进的动力，才能为之不懈努力，直到成功。可以说，一个没有志气的女孩是不会有什么出息的。

如何知道自己将来是否有出息呢？自己是否有志气，是否有远大的抱负；是否有胆量和勇气，遇事是否敢于担当；是否有博大的胸怀和度量；是否具备从容不迫、处变不惊的智慧。假如女孩可以做到以上四点，那你将来肯定会有出息。当然，在这四点中，“志气”作为最重要的依据，被放在了首位。

曾任北京大学校长的胡适先生曾说：“做人要做最上等的人，这才是有志气的孩子。但志气要放在心里，千万不可放在嘴上，千万不可摆在脸上。无论你志气怎样高，对人切不可骄傲。无论你成绩怎么好，待人总要谦虚和气。你越谦虚和气，人家越敬你爱你。你越骄傲，人家越恨你，越瞧不起你。”女孩一定要有意识地培养自己的志气，从小做一个志向远大的孩子，长大之后才有可能成为一个成功的人。

可以说，志气对于一个女孩来说是不可或缺的。一个没有志气的女孩，难以有前进的动力，将来更不会取得什么成就。那么，究竟什么是志气呢？所谓志气，就是一种自信，即相信自己不比别人差，知道成功需要靠自己的努力，只有不断拼搏，才能达到目标。卡耐基曾说：“朝着一定的目标走去是

‘志’，一鼓作气中途绝不停止是‘气’，两者合起来就是‘志气’，一切事业的成败都取决于此。”

一般而言，女孩自我管理能力差，尤其是在青少年时期，女孩这些弱点如果不加以改善，很有可能会造成一些无法弥补的损失。比如，当女孩在成长过程中遇到挫折的时候，也许就会错误地估计形势，放大困难，由于觉得自身能力不够，就会像一只本来即将破茧的蝶，在化蝶的那一刻放弃希望；也有的女孩，很多方面都做得很出色，但只是一个小小的缺点，就可能让她前功尽弃。为了避免发生这样的事情，女孩要加强自己志气的培养，使自己成长为一个能够经历任何风雨洗礼和苦难打击的有志气的女孩。

即便落在瓦砾中，有生命力的种子也不会悲观、叹气、因为有了阻力才有磨砺。本书通过大量名人的故事以及道理深刻的寓言故事，揭示了志气在生活中的真正意义，从立志、责任心、勇敢、自信、乐观等几个方面入手，深入浅出地阐明了做人要有志气的道理。这本书将会带给女孩破茧成蝶的勇气和力量，使女孩树立起正确的人生观和价值观。女孩要学会独立于世的本领，就要有高远的志气，要经过拼搏、奋斗，更要经历历练，容不得任何投机取巧或不劳而获的行为。只有这样，女孩才会有出息，生命才会变得异常精彩。

编著者

2016年2月

第1章

梦想是女孩的方向，方向让幸福之路更清晰

立志，可以使女孩有所追求，生活有了方向，整个人也变得更加充实。俗话说：“人无志而不立。”对于青春年少的女孩子们，立志尤为重要，一个女孩若是没有远大的志向，是不可能有所作为的。

女孩，拥有梦想更要坚持梦想

适用写作关键词：坚持　努力

我有一个哈佛梦

当珍妮在上高中的时候，她的梦想就是进入美国的哈佛大学。当时，她一边应付高考，一边申请学校，但是，她申请的四所美国大学都给她寄来了拒信。当收到拒信的时候，珍妮非常伤心，那意味着自己无法实现儿时的梦想了，她为此哭了好几天。在四个月之后，她还是硬着头皮坐在高考的考场，最后考取了上海的学校。

在高考之后的那个暑假，珍妮从来没有忘记过自己的最初的梦想，她希望自己再奋斗四年，一定要去哈佛大学。在大学里，珍妮将全部的时间和精力都投入到学习中，不管是在学习还是学校的各种实践活动中，她永远都是最优秀的那个人。大学四年，珍妮不但是一个大型学会组织的主席，而且还成功组织了一次覆盖上海多所高校的比赛，吸引了数家赞助商。在大学，她除了是国家奖学金的获得者之外，而且还能说一口流利的英语、西班牙语和日语。

或许，像珍妮这样优秀的女孩子，完全可以在大学毕业之后找个待遇丰厚的职位，即便是世界500强也可以随便挑选，她又为什么要如此坚持哈佛大学呢？事实上，珍妮当然想过放弃哈佛大学，她也想早点争取经济独立，为家庭减轻负担，而去哈佛大学，将意味着家里需要更大的经济支持；此外，她也希

望自己像一个普通女孩子那样，穿着光鲜靓丽的衣服，戴着好看的首饰……这样一想，哈佛大学似乎没有想象中那么神圣了。

不过，当珍妮静下心来思考这个问题的时候，她忽然意识到自己是被生活中的各种华丽的诱惑模糊了视线，她撇开一切，只选择一样东西，那会是什么呢？于是，她最后写下了“哈佛”，然后在后面写着“坚持不懈，这个最初根植于自己内心的梦想，那才是自己真正渴望的东西，才是自己内心的真正选择。”

珍妮现在正在哈佛读研究生，她是那么优秀，才华横溢，卓尔不群，而且人也长得非常漂亮。当然，她可以与大多数普通的女孩子一样，大学毕业后嫁个不错的男人，过着衣食无忧、相夫教子的日子，但是，她没有选择这样的生活，她坚持的是自己最初的梦想。

知识窗

哈佛大学：哈佛大学是常青藤盟校之首，美国最富盛名的大学。创办于1636年的哈佛大学，至今已经走过了近400年的历程，对真理的追求和不断创新的教育理念，使久负盛名的哈佛依旧焕发着青春与活力，成为世界各国莘莘学子心中恒久不变的神圣殿堂。哈佛的校训是“Amicus Plato，Amicus Aristotle，Sed Magis Amicus VERITAS”。它是拉丁文，中文是“与柏拉图为友，与亚里士多德为友，更要与真理为友”。

励志点金石

威尔逊曾说：“我们因梦想而伟大，所有的成功者都是大梦想家：在冬夜的火堆旁，在阴天的雨雾中，梦想着未来。有些人让梦想悄然绝灭，有些人则细心培育、维护，直到它安然度过困境，迎来光明和希望，而光明和希望总是降临在那些真心相信梦想一定会成真的人身上。”

正如珍妮认为，哈佛大学，或许不算是一个难以实现的梦想，只是许多人

没有最初梦想的勇气和毅力而已。

为你支招：女孩们，你该如何坚持自己最初的梦想呢？

1.倾听自己内心的声音

许多女孩子上初中了，竟然不知道自己的梦想是什么。而没有梦想的人，就没有目标，没有奋起直追的持久动力。这时女孩可以了解自己，倾听自己内心的声音，了解自己的真正感兴趣的是什么，然后以自己的才能与爱好来作为树立梦想的参考。

2.因势利导，树立远大的目标

女孩应对自己的特点有所了解，首先确立目标，有的女孩以自己身边或媒体宣传的人作为自己的榜样；一些女孩的梦想与兴趣、爱好、特长相关，比如喜欢唱歌的女孩希望成为歌手，喜欢跳舞的女孩希望成为舞蹈家；当然，孩子们年少思想不够成熟，有时候追求的梦想不稳定，今天喜欢唱歌，明天喜欢跳舞，女孩应该树立一个持久的梦想。

3.培养自己独立生活的能力

在平时的生活中，女孩应多参加社会团体的益智活动、公益活动，让自己适应社会生活。在经济方面以节约为主，激发自己的奋斗意志，树立奋发向上的目标，矢志不移地实现梦想。

4.量身打造一个计划

为了实现梦想，必然会通过一些计划完成，比如成为一名工程师，那首先应该做好的就是学习；选择一个工科较好的大学，就多阅读工科类书籍，选择相关科目，然后朝着这个方向努力。所以，当女孩有了梦想之后，需要根据自身情况量身定制个人计划和完成计划的方法。

女孩，要懂得常立志不如立长志

适用写作关键词：坚持不懈　立志

写好自己的人生剧本

由于家庭的原因，她在高中毕业就放弃了继续升学的机会，而是选择在女子商学院的夜校学习。偶然有一次，她在夜校附近的饭馆吃饭的时候，看到件事情：一位客人想在饭店里暂时寄存自己的行李，但是却遭到了饭馆老板的冷淡拒绝。这令她感到不解，她认为饭馆老板可以答应帮忙寄存行李来达到宣传自己饭店的目的，为什么他不那么做呢？

由于这一件小事，她决定了要在餐饮业发展。此后，她转入了烹饪学校学习。无论当时自己经济如何困难，她都坚持学习下去，甚至宁愿省下自己的生活费去听一堂课。后来，在1982年，她开始尝试着经营一家面食店。她本着"亲切服务"的原则，小小的面食店很快名声大噪，从最初仅有一个灶台和五种菜品的小店发展成为附近最有名的美食店。

虽然她身处逆境，但是当她立下志向之后却从来没有改变，没有退缩，一直把自己当作人生的主角。无论遇到什么困难，她都能凭着自己的力量去克服它，并且以主角的姿态演出自己的人生剧本。

知识窗

夜校：夜校，顾名思义就是利用夜晚时间到学校上课，是一种业余学习，跟全日制脱产学习相对。它跟全日制一样，有不同系不同专业之分，要看你报读哪个了，而且一般要参加成人高考，符合条件才能入读。夜校文凭的含金量不是很高，歧视自然也少不了，但社会还算承认，因此不少人还是会选择这种方式进修增值。

励志点金石

曾国藩曾说："君子之立志也，有民胞物与之量，有内圣外王之业，而后不忝于父母之生，不愧为天地之完人……若夫一已之屈伸，一家之饥饱，世俗之荣辱、得失、贵贱、毁誉，君子固不暇忧及此也。"

一个有志向的人会成为主角，反之，一个碌碌无为，只想偷懒省力，只会跑龙套。千万不要相信"我们没必要那么累，有事情让别人去做就好了"类似的话。

为你支招：女孩们，你该如何立下远大的志向呢？

1.志向需要适时调整

女孩子们的志向代表自己的事业目标，这是有阶段性的，也就是说，志向要根据人生的历程适时做出一些必要的调整。当女孩确定一个志向，或者做出发展规划，但因为一些事情已经无法履行之前的职责，或者当你做了另外一件事，那你会坚持之前的志向追求吗？女孩子应该改变自己对理想追求的重新选择和定位，确定可以能够立足于现状下的发展目标，以及包括自己对改变现状的努力方向。

2.立长志，并非是选择一个志向作为终身目标

许多女孩子听到立长志，就想成为科学家、作家、律师、医生、教师、司

机等。当然，女孩子们可以选择这些作为成长志向，不过你需要一个机会才可以实现自己的志向。所以，女孩子对志向的选择，应该符合自己的当时环境，以及自己的才智或专业能力。只有当女孩子已经取得有利的成长条件之后，她才有可能去寻求新的机遇或者谋划新的发展。

3.立志，贵在持之以恒

有的女孩今天说“我先踏踏实实学习”，明天说“我想去赚大钱”，到了第三天，她还在思考自己到底立怎样的志向。说到底，她并不知道她的人生志向到底是什么，似乎什么都想去做，但什么都是口头之说，无法投入真正的实践之中。

梦想决定了你生命的高度

适合写作关键词：选择　坚持

梦想使我走得更远

1998年，只有10岁的李欣汝面临了人生的第一次重大选择。当时，父亲希望她成为一名伶牙俐齿的主持人或者是教书育人的教师，不过，她自己却喜欢跳舞，希望自己有一天可以像一只白天鹅一样在舞台上翩翩起舞。到底是遵从自己内心的梦想，还是顺从父亲呢？最后，10岁的李欣汝坐上火车，从兰州去北京学习，她将舞蹈作为自己前行的梦想。

2007年，“红楼梦中人”节目组到李欣汝就读的北京舞蹈学院挑人，李欣汝报了名，她本来只是想试试看，结果没想到一路过关斩将，自己竟然晋升黛玉组全国五强。这时她面临了人生第二次选择，自己是继续学习还是全封闭培训呢？她思考了很久，最终说服自己放弃眼前暂时的功利，退出选秀，将全部的精力都放在学业上面。

李欣汝退出选秀之后，顺利地拿到了大学毕业证书。很快，她面临了新的选择。《丑女无敌》递来了橄榄枝。令她犯难的是，这次她需要在剧中扮演一个完全没有形象的女孩子。自己是否愿意扮丑呢？经过层层筛选之后，李欣汝最终获得了那个对自己而言非常重要的角色——电视剧《丑女无敌》中雷人的林无敌。她刻意增肥、扮丑，甚至她感觉林无敌就是正在奋斗的自己，所以她

完全融入了角色，结果这部戏相当成功。

当《丑女无敌》第一季播出之后，创下收视观众2.4亿人次的惊人纪录。而李欣汝所扮演的林无敌这个形象也受到了观众的欣赏与认可，同时，她本人也获得了成功，她成为湖南卫视年度最佳新艺人，成为2008年最深入人心的电视剧形象之一。而且，她的名字还出现在2009年度福布斯名人榜的排名之中，她终于成功了。

知识窗

福布斯名人榜：福布斯集团是全球著名的出版及媒体集团，成立于1917年。福布斯集团是媒体行业中的巨头，也是最为成功的家族企业。其旗舰出版物《福布斯》杂志是美国历史最悠久的商业杂志之一。《福布斯》全球版的发行量高达100万份，在全球拥有近500万高层次的商界读者。2003年，福布斯集团发布了《福布斯》中文版。自2004年以来，每年3月《福布斯》杂志中文版都会根据调研和系统评估结果发布“福布斯中国名人榜”。

励志点金石

马云曾说：“第一，有梦想。一个人最富有的时候是有梦想，有梦想是最开心的。第二，要坚持自己的梦想。有梦想的人非常多，但能够坚持的人却非常少。阿里巴巴能够成功的原因是因为我们坚持下来。在互联网激烈的竞争环境里，我们还在，是因为我们坚持，并不是因为我们聪明。有时候傻坚持比不坚持要好得多。”

人生的最大意义在于奋斗，为自己的梦想而奋斗，这会令一个人感到充实和快乐，有梦想的人从来不会感到空虚，因为他们懂得自己最想要的是什么，并且朝着这个方向不懈地努力。

为你支招：女孩们，你该如何实现自己的梦想呢？

1.不要质疑自己的梦想

一旦你确定了自己的梦想，那就需要切断自己的后路，因为现在你只剩下自己和梦想了，已经不能回头。现在你已经无路可走，你已经站在梦想的面前，你现在需要做的就是如何完成自己的梦想。假如你总是还在猜测：这是我的梦想吗？那你将永远一事无成，因为这个质疑会阻碍你去完成梦想，最后你将失去尝试的勇气而不愿意再跨出下一步。假如你开始质疑自己的梦想是否可以实现，那你将失去追求梦想所需要的动力。

2.清楚地认识自己

女孩子们，清楚地认识自己是实现自己的梦想的首要步骤，将自己的能力综合在一起，把握自己，才能合理地规划自己的梦想，不要超出自己的能力范围，否则这就是空想。

3.规划实现梦想的计划

女孩子们要为自己的梦想设定目标，然后朝着既定的目标一步一步地走去。假如你完全没有任何计划，那梦想对于你来说也是极其遥远的。

4.在追逐梦想的路途中坚持不懈

正所谓“千里之行，始于足下”。这句古语告诉女孩子们一个道理：面对为梦想规划的目标，需要一步一步地往前走，即便走错了，也不要怕，只要改正错误勇往直前就可以。

为了更好的未来，不断充实自己

适用写作关键词：充实　追求

一次青春的犯错

20年前，杨澜凭借着《正大综艺》家喻户晓，好不容易在央视站稳了脚跟，她却突然宣布退出《正大综艺》，前赴美国私立纽约大学电影电视系攻读硕士学位。当时，很多观众感到不解：杨澜《正大综艺》主持得好端端的，为什么又要留洋呢？面对众人的不解，杨澜真诚地向观众说出了自己的心里话：自己学生时代的贮藏基本耗尽，深感“电力”不足，急需“充电”。原来，杨澜出国留学不是为别的，而是为了进一步不断充实、提高。

杨澜在美国留学期间，也曾被问道“在国内发展得那么好，为什么还选择读书”，杨澜坦然表示“年轻时最重要的资本不是青春、美貌和充沛的精力，而是你拥有犯错的机会，不要为青春留白。如果年轻时不能追随梦想，去为自己认为值得做的一件事冒一次险，哪怕犯一次错，那青春将是多么苍白啊。”从美国回来多年了，杨澜迈向了事业的一个又一个的高峰，恰是那次“青春的犯错”才为她积蓄了一生最珍贵的财富。

在获得了如此大的成就，杨澜却毅然放弃了红红火火的事业，远赴美国“充电”，不断地拓展新的知识，丰富自己的心灵世界。事实证明，她当初的

选择是正确的，正是那个果断的决定，为她积蓄了一生的财富，使她收获了事业的丰硕果实。

知识窗

杨澜：杨澜，1968年3月31日生于北京。中国电视节目主持人、媒体人、传媒企业家、慈善家。2013年5月在纽约佩利媒体中心被授予女性“开拓者”荣誉，成为首位MAKERS项目“开拓者”奖项的非美国本土获奖者，以及被福布斯评为全球最具影响力的100位女性之一。她是一位优秀女性的典范，她美丽、智慧、优雅、知性，开创了成功的事业。杨澜展现给公众的，是一个多角度的形象，被称为“中国的华莱士”。

励志点金石

威·大皮特曾说：“尊敬的先生煞有介事地指责我年轻，好像我犯有弥天大罪。对此，我既不想辩解，也不想否认。有一种人随着年龄的增长会变得聪明起来；而有一种人就是年岁再大，阅历再广，也还是愚昧如初。倘若我属于前一种人，那我一定会心满意足的。”

真正有魅力的女性，是懂得不断地充实自己，不断地丰富自己，使自己的魅力如山间涓涓细流，不停地流淌着，动人着。

为你支招：女孩们，你该如何充实和完善自己呢？

1.正确认识自己

女孩子相信星座解析，那是因为人往往倾向于相信一个笼统的、一般性的描述，而不太相信真正符合自己个人特点的描述。其实，女孩子们认识自己往往需要通过观察自己、听取别人的评价、社会比较、参与实践和自我反思总结五个方面，这样才可以更客观、更全面地认识自己。

2.学会接受真正的自己

女孩子要全面承认真实的自己，包括自己的优点和缺点等。毕竟，每个人的智能发展都具有不均衡性，每个人都有自己独特的个性，女孩子们要懂得发展优势，弥补不足。而且，女孩子要合理地定位理想的自己，有目标才会有发展方向。在现实生活中，女孩子通过与人交往、展现自我，然后不断接受真实的自己，赏识自己，朝着理想的自我开始发展。

3.及时调整自己

当女孩子不可能改变他人和环境的时候，就需要及时地调整自我。当女孩子遇到困难或突发事件就需要根据外在的发展来不断调整自己，不断强化自己，鼓励自己，让自己跟上生活的节拍。

4.不断完善自己

女孩子要明确自己的价值，肯定自己的价值，懂得人生发展方向。只有懂得追求实现自我的人，才会对自己和他人都保持喜欢与接纳的态度，从而真诚地对待其他人。当然，女孩子需要尽自己最大的努力去全面发展自己，去挖掘自己的潜力，从而不断地完善自己。

学会设立人生目标，女孩不会再迷茫

适用写作关键词：目标 坚持

跟着目标就不会迷路

在西撒哈拉沙漠中，有一颗璀璨的明珠——比赛尔。每年，数以万计的旅游者会来到这里观光、游玩。可是，在很早以前，这里只是一个封闭而落后的地方，这里的人从来没有走出过大漠。当然，他们并不是不愿意离开这块贫瘠的土地，而是尝试了许多次都没能走出去。

一天，肯·莱文来到了比赛尔，他用手语问这里的人：“你们为什么不走出大漠？”结果所有人的回答都一样：从这儿无论向哪个方向走，最后都还是回到了出发的地方。肯·莱文不相信这种说法，他亲自做了一次试验，按照指南针的指示，从比赛尔村一直向北走，结果花了三天半的时间就走出来了。肯·莱文很纳闷：为什么比赛尔人不能走出大漠呢？为了知道原因，肯·莱文雇了一名叫阿古特尔的人，这位青年也从来没有走出过大漠。肯·莱文收起了指南针等现代设备，让阿古特尔带路，看看到底会发生什么。他们带了半个月的水，牵了两头骆驼就出发了。很快，十天过去了，他们走了大约八百英里路程，第十一天早晨，他们果然又回到了比赛尔。肯·莱文终于明白了，比赛尔人之所以走不出大漠，是因为他们在大漠里没有目标与方向。

肯·莱文离开比赛尔的时候，他告诉阿古特尔，如何通过北斗星找到正

确的方向，他说："只要你白天休息，夜晚朝着北面那颗星走，就能走出沙漠。"阿古特尔照着去做了，三天之后果然来到了大漠的边缘，因此，阿古特尔成为了比赛尔的开拓者，他的铜像被竖在小城的中央，并刻了一行字：跟着目标就不会迷路。

在一望无际的沙漠里，一个人如果只是凭着感觉走，他就会走出大小不一的圆圈，最后又回到原点。由于比赛尔村在沙漠的中间，在方圆几千公里几乎没有任何参照物，如果不认识北斗星，想走出大漠，这是不可能。

知识窗

指南针：指南针是一种判别方位的简单仪器，又称指北针，据《古矿录》记载最早出现于战国时期的磁山一带。指南针的前身是中国古代四大发明之一的司南，是古代汉族劳动人民在长期的实践中对物体磁性认识的结果。其主要组成部分是一根装在轴上可以自由转动的磁针，磁针在地磁场作用下能保持在磁子午线的切线方向上，磁针的北极指向地理的北极，利用这一性能可以辨别方向。指南针常用于航海、大地测量、旅行及军事等方面。

励志点金石

哈佛法学院教授德里克·博克曾说："我早已致力于我决心要保持的东西，我将沿着自己的路走下去，我们也无法阻止我对它的追求。"

在人生的道路上，我们做任何事情都需要有目标，这样才不会失败。

为你支招：女孩子们，你应该如何设立自己的人生目标？

1.做一个准确的自我分析

女孩子们首先要了解自己到底想成为什么样的人，人生目标是什么？最适合什么样的工作？然后综合分析自己的优点和缺点。同时，女孩子们要善于学

习成功者的长处，只有不断地改变自己的缺点，这样才更容易实现自己的人生目标。

2.寻找自己的“偶像”

在这里的“偶像”并非是明星，而是女孩子们的学习榜样。每一个女孩子都应该有一个学习的榜样，而且这个榜样是世界级的，跟成功者学习，你才知道，他为什么能够实现成为世界第一的梦想。那么，女孩子，你的学习榜样是谁呢？是马云，还是乔布斯？

3.将人生大目标分为小目标

女孩在有了宏伟的人生追求之后，为了让自己达到这个人生目标，需要随时关注自己内心的想法、学习情况，然后去分解目标，逐一实现。有时候女孩会因为实现了小目标，体验到了成功的愉悦，就会不断努力，向着下一个小目标前进，这样女孩就会渐渐地接近大的目标，直到最后实现人生目标。

4.鼓励自己立即行动

女孩很容易在受到激励的情境下树立人生目标，憧憬追求，不过假如缺乏行动，一切都将付诸东流。因此，女孩树立了远大的人生目标还不够，还应该将目标转化为行动，督促自己马上行动，不断地努力，即便遇到困难也不要放弃，这样才能促使自己最终将目标变成现实。

第2章

做自立的女孩，跨越困境不向命运低头

女孩是柔弱的，但柔弱并不等于没力量，即便是双肩柔弱，女孩也一样能够挑起人生的重担，甚至比男孩做得更好。女孩应该早自立，生活中的困难、挫折、失败等不如意，只要勇敢地跨过去，女孩的人生就能走向成功。

女孩不服输，让困难成为垫脚石

适用写作关键词：不服输　自信

你能做到，玫琳凯

小时候，妈妈总是这样说："你能做到，玫琳凯，你一定能做到。"玫琳凯不仅将这句话作为自己的座右铭，而且将这句话作为公司的理念来激励更多的女性。玫琳凯坦言，自己想创建公司是在遇到了一些挫折之后才真正开始的。

玫琳凯曾在直销行业工作了25年，当时，她已经做到了全国培训督导。但是，眼看着自己的一位男下属得到了提拔，而且薪水将是自己的两倍，玫琳凯毅然决定辞职，实现自己的一个理想，她说："我建立公司时的设想是想让所有女性都能够获得她们所期望的成功，这扇门为那些愿意付出并有勇气实现梦想的女性带来了无限的机会。"

然而，在创业之初，她经历了多次失败，也走了不少弯路，但是，她从来不灰心、不泄气，反而这样诙谐地解释："挫折是化了妆的祝福。"最后，她创建了玫琳凯公司，玫琳凯这样说道："从空气动力学的角度看，大黄蜂是无论如何也不会飞的，因为它身体沉重，而翅膀又太脆弱，但是人们忘记告诉大黄蜂这些。女性就是如此——只要给她们以机会、鼓励和荣誉，她们就能展翅高飞。"

从玫琳凯的身上，我们可以看到困难成就了她的生活。女孩子们若想成为像玫琳凯一样优秀的人，就要经得起挫折的历练，经得起失败的打击，因为成功需要风雨的洗礼。一个有追求、有抱负的女孩，总能将挫折当做动力，她敢于乘风破浪，让困难成为自己的垫脚石。困难对于自立的女孩来说是一块跳板，对坚强的女孩来说是一笔宝贵的财富。

知识窗

玫琳凯·艾施：玫琳凯的创始人，玫琳凯作为世界知名的化妆品品牌而家喻户晓。玫琳凯·艾施女士身上具备着无与伦比的魅力。她所取得的成功在美国商界的历史上留下了令人难忘的一笔，同时也为世界各地的女性不断创造成功树立一个很好的榜样，成为全球女性们的楷模。

励志点金石

宣永光曾说："困难是欺软怕硬的。你越畏惧它，它越威吓你。你越不将它放在眼里，它越对你表示恭顺。"

生活中的困难是必然的，所以，当我们遇到它时没有必要怨天尤人。面对困难，不要畏惧，迎难而上，直面困难，将生活中的每一个困难都当作是上天对我们的考验。只要我们心中怀着必胜的信念，就一定可以做到！

为你支招：女孩子们如何战胜困难?

1.多角度看待挫折

有的女孩在一次考试失败后就一蹶不振，下一次她一样失败；有的女孩面对鲜红的分数，能够勇敢面对，最终获得了成功。在我们生活或学习中遇到的挫折，放眼看去，它不过是我们漫长生命历程中一个微不足道的黑点，我们没有必要陷入到失败的痛苦中去，而是应该吸取教训，努力向前走，"失败乃成

功之母”，从哪里失败就应该从哪里爬起来。

2.增强自信心

如果女孩擅长某一方面，就会在这一领域里有着充分的自信，这可以帮助女孩更好地面对来自其他方面的挫败感。在学习过程中，女孩要善于发现自己的优势，最大限度地发挥自己的长处和优势，努力表现自己，体现自身价值。当女孩们在自己所擅长的某方面体验到成功，看到了希望，就能帮助自己找回丢失的信心。

3.善于调节心理

女孩可以学习一些缓解心理压力的常识与小窍门，这样便于自己在遇到挫折时自我调节。比如，当女孩子们出现紧张、畏惧的情绪时，提醒自己深呼吸几次，忘记这是在比赛，把比赛当作自己日常生活中的一项运动，并以放松的心态来迎接挑战等。而且，通过调节心理来合理宣泄心理压力，这样能有效控制“输不起”心理。

心态积极，你就拥有了反败为胜的能力

适用写作关键词：热忱　心态

寻找沙漠里的星星

一位将军去沙漠参加军事演习，妻子特尔玛·汤普森（Thelma Thompson）需要随军驻扎在陆军基地里。由于沙漠干燥高热的气候，全然陌生的环境，令特尔玛感到很难受，而身边又没有可以倾诉的人，陷于孤独的特尔玛经常给父亲写信，在信中透露出自己想回家的强烈愿望。然而，拆开父亲的回信，只有短短的两行字："两个人从牢中的铁窗望出去，一个看到泥土，一个却看到了星星。"父亲的回信令特尔玛十分惭愧，她决定要在沙漠里寻找星星。

从此以后，特尔玛开始与当地人交朋友，结果他们的反应让她感到非常惊喜。特尔玛对当地人的编织和陶艺非常感兴趣，他们竟然会将不舍得卖给游客的心爱作品送给她。

她与那些邻居彼此之间互相赠送礼品，闲来无事，她开始研究沙漠里的仙人掌、海螺壳，观察了土拨鼠的活动，寻找到了300万年前的化石。慢慢地，她迷上了这里，通过亲身经历，她写了一本书叫《快乐的城堡》。

沙漠并没有改变，当地的印第安人也没有改变，是什么使特尔玛的生活发

生了巨大的变化呢？心态，当然是心态，以前惧怕陌生的特尔玛看到的只是泥土，但是，当心态改变之后，她开始慢慢适应这个陌生的环境，并在体味中追寻到了快乐，甚至，她在沙漠里找到了星星。

知识窗

化石：在漫长的地质年代里，地球上曾经生活过无数的生物，这些动物死亡之后的遗体或是生活时遗留下来的痕迹，许多都被当时的泥沙掩埋起来。在随后的岁月中，这些生物遗体中的有机质分解殆尽，坚硬的部分如外壳、骨骼、枝叶等与包围在周围的沉积物一起经过石化变成了石头，但是它们原来的形态、结构（甚至一些细微的内部构造）依然保留着；同样，那些生物生活时留下的痕迹也可以这样保留下来。

励志点金石

伟大的心理学家艾尔弗雷德·艾德勒（Alfred Adler）花了一辈子的时间来研究人类及其潜能，他曾说：“人类所具有的一种最不可思议的特性就是反败为胜的能力。”

人与人之间的差异就是心态，积极与消极心态的差异，他们所对应的将是成功与失败。一个人拥有积极的心态，那么他可以让劣势变成优势。成功者的明显标志在于他们拥有热情而积极的心态。

为你支招：女孩子们应该如何将自己劣势化为优势？

1.以辩证的思维看待自己的缺点

辩证法告诉我们，事物之间是能够互相转化的。事实上，女孩子应该明白，优点和缺点是没有明确的界限的。比如喜欢标新立异的女孩，其实换个角度看她是有创新意识；有的女孩喜欢管闲事，其实她是一副热心肠；有的女孩喜欢顶嘴，其实她思维比较敏捷；有的女孩做事磨蹭，其实是认真细致。

2.随着成长，缺点会减弱或消失

女孩子的成长是动态的，是不断发展变化的，今天的缺点或许明天就减弱或消失了。有时缺点会随着女孩的成长而发生一些新的变化，所以女孩不能总看到自己的缺点。假如女孩一定要那么在意自己的缺点，那就会因过度的关注而忽视了自己的优点。

3.不要只盯着自己的缺点

女孩子不能只盯着自己的缺点，这样只会让自己变得自卑、胆小、缺乏自信。比如，女孩子数学成绩比较差，假如总是天天关注着自己这门功课，那反而给自己带来不少的压力。不妨暂时不管这门功课，该怎么学还是怎么学，顺其自然，说不定数学成绩反而会有所上升。

不自寻烦恼，让生活快乐前行

适用写作关键词：倾听　乐观

告别烦恼，我赢得了朋友

丽萨是一个郁郁寡欢的女孩子，竟然由于喜欢倾听而赢得了好几个男孩的好感。丽萨家以前在费城，主要是靠社会救济金生活，对她而言，年轻时最大的悲剧就是来自于家庭的贫困。其他女孩子那样精彩的社交活动，对她而言简直是一个无法实现的梦。

丽萨经常衣着很破烂，而且那些衣服总是又古老又太小，穿起来简直土得掉渣。丽萨经常感觉没有脸面见人，更别说交朋友了，她常常会在哭泣之后沉睡过去。她绝望了，难道自己就这样吗？

突然之间，丽萨想到了一个好办法。在以后的每次聚会中，丽萨都邀请身边的男孩子讲述自己的经历、想法以及对未来生活的计划。丽萨希望可以转移这些男孩子的注意力，希望他们不那么注意自己破烂的衣服。奇妙的事情发生了，当她在听这些男孩子谈论时，从中收获了很多，并开始对一些事情产生兴趣。丽萨开始产生浓厚的兴趣，竟然忽视了自己衣服的问题。最令丽萨觉得惊奇的是，由于她的倾听，又鼓励男孩子谈论自己，她在这群男孩子中很受欢迎，因为那些男孩子感觉跟她在一起非常快乐，甚至有三个男孩子向她求婚。

很多疾病都可以不治而愈。同样的道理，大多数烦恼都会很快消失不见，想要克服心中的烦恼，女孩子们应该保持积极乐观的态度，将心里的烦恼看作流过去的江水，不要把自己沉溺在里面，而是将心神集中在现实生活中的事物，学会感恩，试着将那些值得快乐的理由写下来，这样我们就能摆脱烦恼的纠缠了。

知识窗

倾听：倾听属于有效沟通的必要部分，以求思想达成一致和感情的通畅。狭义的倾听是指凭助听觉器官接受言语信息，进而通过思维活动达到认知、理解的全过程；广义的倾听包括文字交流等方式。其主体者是听者，而倾诉的主体者是诉说者。两者一唱一和有排解矛盾或者宣泄感情等优点。倾听者作为真挚的朋友或者辅导者，要虚心、耐心、诚心和善意为诉说者排忧解难。

励志点金石

富兰克林说："不要预期烦恼，或者为可能永远不会发生的事情担心，要保持快乐。"

一个内心浮躁的人往往倾向于自寻烦恼，然而，我们可以寻找甜蜜的爱情，可以寻找美好的生活，但绝不可以自寻烦恼。许多人的烦恼、郁闷都是自找的，本来没有烦恼的，或者说原本就不是烦恼，但由于内心的浮躁，不自觉地把一切事情都当作烦恼。

为你支招：女孩子们如何保持积极健康的心态？

1.学会积极地思考

拥有健康的心态，就要学会积极地思考。有时候，女孩子的思维和视觉都是有盲点的，只看到消极的一面，却看不见积极的一面。比如，下雨了女孩们只会觉得自己不能出门去玩耍，所以觉得很烦，但并没有发现雨后空气清新了

很多，雨水滋润了大地。因此，当消极情绪来临，女孩子们要进行积极的心理暗示，换个方法来思考问题，你会发现生活是多么美好。

2.合理发泄不良情绪

消极的心理源于内心的不良情绪得不到合理的发泄，时间长了，整个人都会变得很颓废，愈加觉得生活就是黑暗的。所以，女孩子要善于去发泄内心的不良情绪，比如，考试失利了，被老师批评了，和朋友吵架了，等等。诸如这些事情所产生的烦恼，女孩可以向朋友、亲人倾诉，疏散内心的烦闷，使自己的身心得到放松。

3.选择健康、休闲的消遣方式

生活中总是有着这样或者那样的烦恼，这是女孩子们无法避免的，但是，女孩却可以将自己的注意力转移开来，比如，选择一些健康、休闲的消遣方式，打打篮球，听听音乐，看看电影，阅读书籍，等等。健康、休闲的消遣方式将有效地疏导内心的烦恼，使自己拥有一个健康积极的心态。

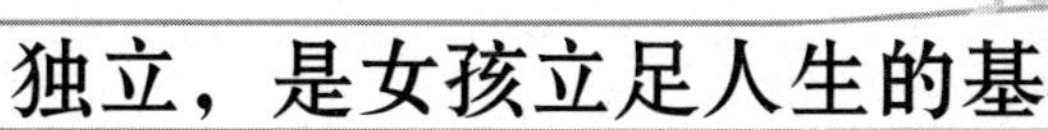

独立，是女孩立足人生的基础

适用写作关键词：自立　自强不息

独立的小安妮

在小镇的一个超市，15岁的安妮正站在收银台边上，正忙着帮客人把买好的东西一件一件麻利地装进购物袋。安妮长得很结实，平时温文有礼，兴趣广泛。15岁的安妮平时非常忙，除了学习之外，安妮不但是学校学生会成员，而且还是学校羽毛球队的队员和省女子青年组足球队队员。几乎每天晚上或周末，安妮不是有训练、学生会的工作，就是有比赛。

一位在购物的朋友跟安妮打了个招呼，安妮也很有礼貌地回应。朋友问安妮："暑假有什么计划？忙了一年，是不是利用暑假的时间，好好地休息一下外出度假？"没想到安妮兴奋地告诉朋友："今年暑假我要参加教会组织的志愿者活动，去非洲的一个小镇，帮助照看当地的战争孤儿。为了筹集资金，在接下来的几个周日，我会来超市帮人装购物袋，筹集资金，周六在农夫市场出售自己烤的蛋糕和饼干，赚的钱帮我支付去非洲的开支。"朋友关心地问："你父母同意吗？"安妮笑着说："他们为我的想法感到骄傲，非常支持我。不过，他们给我提了个要求，就是必须自己去筹集去非洲一个月所需的全部费用，他们是想看我是不是真的有去非洲做义工的决心，所以这几个月我都要忙着筹款了。"

在犹太法典上写着这样一句话：“5岁的孩子是你的主人，10岁的孩子是你的奴隶，到了15岁，父子平等，就没有孩子了。”在犹太人传统的文化里，年满13岁的孩子都要参加隆重的成人仪式，表示自己是真正的犹太人了，需要开始承担宗教义务了。

知识窗

义工：义工是指在不计物质报酬的情况下，基于道义、信念、良知、同情心和责任，为改进社会而提供服务，贡献个人的时间及精力和个人技术特长的人和人群。主要义务服务一些需要帮助的弱势群体，如养老院，孤寡老人，残疾人，社会救助等。义工不仅仅是义务劳动，更是一件有意义的劳动。因为做义工不仅让你发现所做的事情对别人有利，而且对自己也很有价值。

励志点金石

穆尼尔·纳素夫曾著有《家庭》，科威特女作家、记者。她曾说：“独立能力是人生的基础。”

女孩就是要自立，在人生路上总会出现各种各样的困难，而女孩遇到的困难会更多，不过不管遇到什么样的困难，都不要气馁，不要没有节制地依赖别人，而要坚强地让自己站起来，战胜困难和挫折。

为你支招：女孩子们如何让自己变得更自立？

1.女孩请对自己负责

独立的个性可以让女孩更积极地管理自己，女孩需要摆脱被动地听话，避免等着父母来帮自己做决定。通常来说，那些不具有独立性的孩子，不会自觉、自律地生活，长大后就会被社会淘汰。女孩学会自己的事情自己负责，自己解决，管理好自己的生活。一旦女孩学会了自律，才能更加独立、自主地决

定自己的生活方式。

2.请求父母不要参与自己的个人事务

对于女孩自己的事情，女孩应该自己解决，别让父母参与自己的个人事务。即便女孩自己的选择有幼稚、不完善的地方，哪怕是不成熟的决定，那也是自己的决定。女孩需要这种自我选择、决断的机会，这样女孩子就会在失败中走向成熟，独立性也会得到有效提升。

3.相信自己的能力

女孩要相信自己的能力，寻找锻炼自己的机会，只要自己能够做的，就应该去做。只要是自己能想到的，就会想去尝试，同时请求父母给自己机会，放手让自己去做一些能够做好的事情，这样会增加自己的自信，赢得成就感。

勤于“耕耘”，才能赢得成功的青睐

适用写作关键词：耐力　独立　勤勉

她的设计梦

杨润丹是美国杨氏设计公司的总裁，同时，她也是一位资深生活设计师。早年，她毕业于纽约大学的室内设计专业，后来在美国密歇根大学获得硕士学位。作为设计行业的领军人物，她已经从事设计工作三十年了，在工作中，她倡导创造高品质的生活，并将不同的潮流设计带入到室内外的设计中。与此同时，她所创造的品牌不断发展壮大，得到了越来越多人的支持与认可。

杨润丹是一个优雅恬淡的女子：细柔的言语、恬淡的笑容。不过，这仅仅是她的外表，在她的骨子里有着一份比男人更强的坚韧、执着、勤勉。在受传统思想影响的社会，一个女人想要做成事真的很难，她们往往比男人付出更多，却收效甚微。杨润丹说：“我并不想做一个女强人，也不喜欢别人这样称呼我。在中国，大部分女性都很优秀，而我只是找到了自己想要去坚持和努力的信仰，凭着那份坚韧与勤奋一步步走下去而已。”

早年，移居美国的杨润丹随着父亲第一次踏上中国，后来，由于设计便常常往返于中国与美国之间。随着对中国的熟悉，心有志向的杨润丹决定在中国成立工程公司。刚开始创业的时候，她没有父亲的资助，坚持独立自主。她白天做设计，晚上去工地检查、指导、学习，回忆那段辛苦的日子，她觉得一切

都值得，因为自己成功了。

杨润丹说："一个女人在中国在北京，我们没有任何背景，没有任何关系，一开始赔了很多钱，无数次地想背包回去不来了，在那会我还生病，可是我想这么多人跟着你，人家把工作给你，就是相信你，所以，我只能成功，不能后退。"杨润丹，一个耐力与勤勉并行的女子，她心中的那份认真与耕耘，为其成功奠定了扎实的基础。

知识窗

室内设计：室内设计是根据建筑物的使用性质、所处环境和相应标准，运用物质技术手段和建筑设计原理，创造功能合理、舒适优美、满足人们物质和精神生活需要的室内环境。这一空间环境既具有使用价值，满足相应的功能要求，同时也反映了历史文化、建筑风格、环境气氛等精神因素，明确地把"创造满足人们物质和精神生活需要的室内环境"作为室内设计的目的。

励志点金石

威廉·李卜克内西说："才能的火花，常常在勤奋的磨石上迸发。"

如果一个人是勤奋的，那么他就拥有了成功的机会；如果一个人是懒惰的，那么他就一定不会成功的。勤勉和成功是互相制约的，虽然你的勤劳并不一定会给你带来成功，但是无论如何，每个人都要辛勤工作，因为这是导致成功的最基本的条件。

为你支招：你如何成为一个勤勉的女孩？

1.成为一个独立的女孩

现实生活中，许多女孩是父母的掌上明珠，是家中的"小公主"，平时总是饭来张口，衣来伸手，每件事都是父母包办，结果女孩什么也不会做，什

么事情也不愿意做。所以，要想成为一个勤勉的女孩，那就什么事情都自己动手，成为一个独立的人，从而感知生命存在的意义。

2.养成自己动手做事的习惯

在家里，只要是属于女孩自己的事，比如整理书包、收拾书桌、自己穿衣服穿鞋等小事，都需要自己动手。多做事的女孩有学习手脑并用、体谅别人和为别人服务的机会，同时手脚更灵活，做事更有效率，学习效率也跟着提高不少。

3.独立去完成一件事情

假如自己已经具备独立完成这件事的能力，那女孩就要求自己独立完成，拒绝父母的帮助。对女孩而言，假如没有摔倒了重新站起来的勇气和毅力，那自己将无法生存。假如女孩离开了父母的呵护就生活得一塌糊涂，那她在以后又该如何面对激烈的生活竞争呢?

4.女孩学会自我服务劳动

自我服务劳动是女孩照料自己的生活、保持周围环境整洁卫生的劳动。比如，对于稍微大一点的女孩自我服务劳动的要求是：学会洗衣服、做饭等，对自己的学习用品进行分类整理和保管，等等。

靠自己的努力收获想要的一切

适用写作关键词：决心　坚韧

没有什么事情是不可能的

作为第一位黑人主持人以及《时尚》杂志的模特，备受世人尊敬与爱戴的奥普拉·温费瑞是一位真正的新时代职业女性。当然，在现实生活中，并不是每个人都能成为奥普拉，但是使奥普拉获得成功的力量却是每个人都所拥有的，那就是成功的决心。

奥普拉小时候因为家境贫寒只能穿用麻袋做的衣服，还曾被人嘲笑称作“麻袋少女”。因为她是私生女，所以从小她一直生活在受歧视，受虐待的环境里，九岁的时候她惨遭表哥的强暴。到14岁的时候，她成了一名未婚妈妈，并且痛失自己的孩子。这一切的不幸遭遇，使她离家出走并沾染上了毒品。

可是，当她觉得自己的生活不可能再这样被重复的时候，她开始下决心戒掉毒品，这对于她来说是相当困难的。但是，她凭借自己坚韧、顽强的意志成功了。为了成为一名优秀的脱口秀主持人，她决心一步一步来。由于幼时的家庭环境，她没有很好的基础，所以每一步走起来都异常困难，但是她从来没有放弃过，在她的字典里，没有什么事情是不可能的，“除非你不愿意去做”，所以，最后当她美丽地站在镁光灯下面，她可以大声地说“我以自身的努力，享受到了收获的快乐。”

并不是每一个人都能成为奥普拉，但是只要你拥有奥普拉一样的决心，就会像她一样获得成功的青睐。没有人能够预知事情的结果，但是每个人都能够通过自己的决心来改变未来，可以摘得胜利的果实。

知识窗

奥普拉·温费瑞：奥普拉·温弗瑞（Oprah Winfrey），当今世界上最具影响力的妇女之一，她的成就是多方面的：通过控股哈普娱乐集团的股份，掌握了超过10亿美元的个人财富；主持的电视谈话节目“奥普拉脱口秀”，平均每周吸引3300万名观众，并连续16年排在同类节目的首位。

励志点金石

尼采曾说：“如果你想走到高处，就要使用自己的两条腿！不要让别人把你抬到高处；不要坐在别人的背上和头上。”

一个人要想成就大事，从心底里感受到生命的充实，那就必须靠自己。所有的事实都证明：“一切靠自己”是最明智的人生理念。虽然女孩可以靠父母和亲戚的庇护而成长，因爱人而得到幸福，但是不管怎么样，人生归根到底还是要靠自己的努力。

为你支招：女孩子们如何通过靠自己而有所收获呢？

1.女孩：永远相信你自己

女孩，在这个世界上，不要相信任何人，只能相信你自己。当然，在生活中许多事情也都需要靠自己，不管是学习还是生活，假如自己摔倒了，不要哭闹，而是自己爬起来，因为哭闹没有用。

2.放任自己去做事情

假如父母抱怨女孩太较真，不要听信父母的话。当女孩真的努力去做某件

事情的时候，父母不过是担心你做不好，假如你听从父母的话，那你这一生可能也不会认为自己是最好的。假如女孩仔细分辨态度与行为的差异，就能认真对待以后的学习和生活。假如女孩天生爱较真，每件事都希望做到最好，那就放任自己去做，保护自己的成就动机。

3.激发自己的成就动机

女孩可以在父母的帮助下树立目标，当女孩在活动中获得成功的时候会感到非常满足，这时女孩在接受别人的夸奖时，还需要树立进一步的目标。

第3章

做有担当的女孩，勇敢挑起责任的大梁

责任心是健全人格的基础，是未来能力发展的催化剂，更是女孩子们成长所必需的一种营养，它能够帮助女孩成长和独立。懂得自己的责任，学会担当，女孩才有了前进的动力；只有认识到自己的责任，女孩才知道自己应该做什么以及怎么去做。

做一个言而有信的重诺女孩

适用写作关键字：守诺　言而有信

约　定

很早以前，一个犹太家庭里有一位漂亮的姑娘，待字闺中。一天，她与家人一起出去游玩，走了一段路，她感到口渴，于是就一个人去找水喝。她看见了一口井，就想舀些水喝，但是仅凭她的力气想要吊上一桶水根本不可能。她左思右想，看到四处无人，就顺着绳子下到井里去喝水。没想到她喝完水以后，发现井壁太滑，根本就上不来。想到此刻父母找不到她肯定很担心，她又着急又害怕，后来竟然急得哭了起来。

说来也巧，一位小伙子在此路过，听见姑娘的哭声，就赶紧过去看个究竟，姑娘因此得救了。小伙子被姑娘的美貌迷住了，同时姑娘也被小伙子勇于助人的精神所感动，两个人互相表达了爱慕之情。不久，小伙子要出远门，两人依依惜别。临别前，两个人定下山盟海誓，约定等小伙子一回来，两个人就立即结婚。订婚是要有证婚人的，但是当时在场的只有他们两个人，正好在这个时候过来一只黄鼠狼，而且旁边还有一口井，于是黄鼠狼和井就成了他们的证婚人。

小伙子离开家乡后，一开始还将姑娘放在心上，但是时间一久，他就忘记了他们之间的约定。可是姑娘没有忘记，还在家里傻傻地等着小伙子归来。

小伙子已经将姑娘忘得一干二净，而且和另外一个女子成了婚，过上了幸福的生活。小伙子和他的妻子先后生了两个儿子，但是两个儿子先后遭遇不幸。第一个儿子在草地上玩的时候，被一只黄鼠狼咬死了；第二个孩子到井边玩的时候，一不小心掉进井里淹死了。小伙子这时候醒悟了，他想起了自己和姑娘的约定，于是和妻子说明了一切，与妻子解除了婚姻关系，匆匆赶回家乡，去见自己的恋人。在姑娘的家里，姑娘还在一直等待着心上人的出现。小伙子向姑娘表达了深深的忏悔，两个人在姑娘的家里举行了婚礼。

在犹太人的信仰之中，违反契约必定会受到上帝的惩罚，而信守契约，就会得到上帝的垂青，取得成功。犹太人从小就受《塔木德》的教育，他们深切了解恪守契约的重要性，只要签订契约，他们就会坚持将其执行下去，哪怕契约可能对他们不利。

知识窗

黄鼠狼：黄鼬（学名：Mustela sibirica）俗名黄鼠狼，体长280~400毫米，雌性小于雄性。头骨为狭长形，顶部较平。因为它周身棕黄或橙黄，所以动物学上称它为黄鼬。是小型的食肉动物，栖息于平原、沼泽、河谷、村庄、城市和山区等地带。主要以啮齿类动物为食，偶尔也吃其他小型哺乳动物，民间谚语说“黄鼠狼给鸡拜年——没安好心”，实际上黄鼬很少以鸡为食。

励志点金石

列夫·托尔斯泰：“一个人若是没有热情，他将一事无成，而热情的基点正是责任心。”

对自己的言语负责，是一笔最好的投资。具有守诺品质的女孩，注定是人生的大赢家。女孩应该记住，只有当自己的行为正直而高尚的时候，自己所坚持的道德观念才能深入人心并支配自己的思想和感情。

为你支招：女孩子们如何做一个守诺的人？

1.女孩要言而有信

女孩不能以年龄小、不懂事就以为说过的话不会产生什么影响，就不遵守诺言。女孩要明白，守信用很重要。

2.减少自己的要求

生活中，女孩对父母会有这样或那样的要求，这样的要求应该随着年龄的增长而慢慢减少。毕竟，当女孩年龄小的时候，控制能力比较差，要求和愿望可以多一些。但是，随着年龄的增长，女孩需要较好地控制自己，减少自己对父母的要求。

3.不要轻易许下诺言

女孩不应该在父母、同学或老师面前夸下海口，胡乱许诺，且随口说说又不能兑现，这会让自己成为一个不守诺言的人。假如别人提出一些过分的要求，女孩应该有自己的原则和底线，需要把握一个“度”，是否可以答应对方，然后慢慢懂得生活中有“可以”“应该”等一些概念。

4.说过的话不能兑现时积极应对

有时候女孩子冲动之下夸口，结果却无法兑现诺言，这时别人就会感到失望、委屈。这时女孩不能强迫对方接受自己的食言，而是应该主动且诚恳地向对方道歉，将无法兑现的原因告诉对方，赢得对方的理解和原谅，并在以后寻找合适的机会兑现自己没有实现的诺言。

要学会谦逊，没有人可以唯我独尊

适用写作关键词：谦虚　宽厚

斯坦福大学

一对老夫妇，女的穿着一套褪色的条纹棉布衣服，而她的丈夫则穿着便宜的西装，也没有事先约好，就直接去拜访哈佛的校长。

校长的秘书看了他们一眼，马上就断定这两个乡下人不可能与哈佛有业务来往。老先生轻轻地说：“我们要见校长。”

秘书很礼貌地说：“他整天都很忙！”

女士回答说：“没关系，我们可以等。”

过了几个钟头，秘书一直不理他们，希望他们知难而退，自己走开。他们却一直在那里等。

秘书终于决定告诉校长：“也许他们跟您讲几句话就会走开。”

校长不耐烦地同意了。

校长很傲慢而不情愿地面对这对夫妇。

女士告诉他：“我们有一个儿子曾经在哈佛读过一年，他很喜欢哈佛，他在哈佛的生活很快乐。但是去年，他出意外而死亡。我丈夫和我想在校园里为他留一个纪念物。”

校长并没有感动，反而觉得很可笑，粗声地说：“夫人，我们不能为每一

位曾经读过哈佛而后死亡的人树立一座雕像的。如果我们这样做，我们的校园看起来就会像墓园一样。”

女士说：“不是，我们不是要树立一座雕像，我们想要捐一栋大楼给哈佛。”

校长仔细地看了一下他们的条纹棉布衣服及粗布便宜西装，然后吐出一口气说：“你们知不知道建一栋大楼要花多少钱？我们学校的建筑物都超过了750万美元。”

这时，女士沉默了。校长很高兴，总算可以把他们打发了。

这位女士转向她丈夫说：“只要750万就可以建一座大楼？我们为什么不建一座大学来纪念我们的儿子。”

就这样，斯坦福夫妇离开了哈佛，到了加州，创立了斯坦福大学，以此来纪念他们的儿子。

傲慢是心灵空虚和虚荣心结合的产物。当一个人隐约感到自己在能力、声望、地位、财富等方面的现实与自己的期望值所差甚远，而又不能正确对待，硬是以虚荣来掩饰和装潢时，言行举止常常会流露出傲慢。

知识窗

斯坦福大学：简称斯坦福，是美国的一所世界顶级私立大学。斯坦福大学始建于1885年，由利兰·斯坦福建立，是一所四年制私立大学，其占地35平方公里，位于加利福尼亚州的帕洛阿尔托市，临近旧金山。斯坦福大学是世界上拥有资产最多的大学之一，学校图书馆藏有超过670万本书籍及4万多本期刊，校内另设有七千多部电脑供学生去使用。

励志点金石

林肯曾说：“做点好事，待人要仁慈、宽厚，总之，用你的谦逊来避免厄运吧。”

谦虚是一种优秀的品质，一个人的生命是有限的，但知识却是无限的，再勤奋的人也不可能把所有的知识都学完，因为任何一个人都不可能拒绝学习。因此，在知识面前一定要谦虚，凡是取得成功的人，他们在一生中总是谦虚地学习，不断地提高自己。

为你支招：如何成为一个谦虚的女孩?

1.明白自己的不足之处

女孩子从小就处在父母的夸奖中，受到许多人的关注，成长在一个受表扬和鼓励的环境中，变得更加自信。但是，在夸奖声中、赞美声中，女孩子只看到自己的优点，却看不到缺点，这对于女孩子的成长是极为不利的。所以，女孩子应比较全面地了解自己，勇于接受批评，看到自己的缺点，虚心接受父母与老师的教育，这样女孩子才能全面、健康地发展。

2.找到自己的“偶像”

任何一个成功人士都非常谦虚，女孩子可以通过书籍了解名人的故事，以名人的事例来激励自己懂得谦虚。当女孩子有了自己崇拜的成功人士，并且了解他们成功的经历，就会逐渐使自己养成谦虚的好品质。女孩子应明白只有谦虚的人才会不断地提高自己，自己才能在学习上取得更大的成就。

3.学会克制自己的情绪

女孩子还处于学习知识、积累经验的阶段，对于内心蔓延出来的自高自大，有时候不懂得如何去克制这样的心理。这时女孩子应时刻保持警惕心理，多读书，任何一个人都没有骄傲的资本。女孩子应知道“谦虚使人进步，骄傲使人落后”，让自己成为一个谦虚的女孩子。

心怀感恩，成长是一种责任

适用写作关键词：感恩　担当

有银币的面包

从前，有个地方闹饥荒。一位有钱的面包师把城里贫穷的二十个小孩召来，然后对他们说："这个篮子里的面包你们每人一块，在你们遇到更好的生活之前，每天都可以来拿一块面包。"话音刚落，那些饥饿的孩子马上从周围涌了过来，他们围着篮子互相推挤着，叫嚷着，都希望自己可以抢到最大的一块面包。当这些孩子从篮子里抢到香喷喷的面包时，两三口就吃完，之后就走了，竟然没有一个孩子向那位面包师说声"谢谢"。

有一个叫安妮的小女孩很特别，她只是远远看着，没有跟那些孩子一起叫嚷、吵闹，也没有围着去抢面包。她站在远处，等那些孩子拿到面包之后，她才走过去将篮子里剩下的最小的一块面包拿起来。而且，她没有匆忙离去，而是对面包师说："谢谢。"亲吻了面包师的手之后，蹦蹦跳跳地回家了。

第二天，面包师将装满面包的篮子放到了孩子们面前，那些孩子依然推挤着、疯抢着。最后，安妮只拿到了一个更小的面包。当她回家之后，妈妈切开面包，却发现里面有几枚崭新发亮的银币。

这时妈妈惊讶地喊道："安妮，赶紧将钱送回去，肯定是面包师在揉面时不小心掉进去的，你赶紧去！"当安妮把妈妈的话告诉面包师的时候，面包师

却面露笑容地说："不，我的孩子，这没有错。是我把银币放进小面包里的，我要奖励你。愿你永远保持现在这样一颗平安、感恩的心。回家去吧，告诉你妈妈这些钱是你的了。"安妮激动地亲吻了面包师，然后跑回了家，告诉了妈妈这个令人兴奋的消息，这是她的感恩之心带来的礼物。

当一个人懂得感恩时，便会将感恩化做一种充满爱意的行动，实践于生活中。一颗感恩的心，就是一个和平的种子，因为感恩不是简单的报恩，它是一种责任、自立、自尊和追求一种阳光人生的精神境界！

知识窗

面包：是一种用五谷（一般是麦类）磨粉制作并加热而制成的食品。以小麦粉为主要原料，以酵母、鸡蛋、油脂、果仁等为辅料，加水调制成面团，经过发酵、整形、成形、焙烤、冷却等过程加工而成的焙烤食品。面包中热量最高的是松质面包，叫作"丹麦面包"。它的特点是要加入20%~30%的黄油或起酥油，能形成特殊的层状结构，常常做成牛角面包、葡萄干面包、巧克力酥包等。

励志点金石

爱因斯坦曾说："每天我都要无数次地提醒自己，我的内心和外在的生活，都是建立在其他人的劳动的基础上。我必须竭尽全力，像我曾经得到的和正在得到的那样，做出同样的贡献。"

教育孩子的根本目的是什么呢？是让孩子怀着一颗感恩的心生活，怀着感激的心情去学习，感恩成为了她学习的动力，因而她的心里充满了爱和温暖，也使自己成为人见人爱的孩子。

为你支招：女孩子如何培养一颗感恩的心？

1.养成感恩的习惯

女孩子应该将感恩习惯渗透到日常生活中，真心感受感恩的教诲。比如，妈妈做了饭，应该对妈妈说“谢谢”；爸爸帮忙递了东西，也应该跟爸爸说“谢谢”；哥哥姐姐送了礼物，也要感谢他们。在这样的氛围中，慢慢学会感恩这种最基本的礼仪，将感恩融入心灵之中。

2.不要父母全权包办代替

女孩子随着年龄的增长，渐渐学会了做很多事情，也可以独立地完成一些事情，这本来是一种很好的习惯。一旦父母对女孩保护太多，干预太多，打理了一切事务，那么女孩就会渐渐习惯父母的包办代替，甚至认为这样是理所当然的。时间长了，女孩就很难再感谢父母为自己所做的一切了。所以，对自己的事情，不要父母全权包办代替，学会独立去做一些事情，一方面锻炼自己的独立生活能力，另一方面，学会感恩。

3.学习父母的感恩

身教的力量远远大于言教，父母在面对自己的父母，要表现得尊敬和孝顺。家里有好吃的先给老人吃，逢年过节给老人送礼物，如果老人离得比较远，也经常打电话。这时候，女孩子不仅仅看到父母对自己有爱，对长辈一样有爱，长期耳濡目染，女孩的心灵也会撒下感恩的种子。

4.避免要求父母有求必应

许多父母对女孩提出的要求总是有求必应，时间长了，女孩子就认为这是理所当然了。随着年龄渐渐长大，女孩子不要动不动就要求父母，而是要自己去争取所需要的东西，当女孩通过自己的努力去获得所需的时候，就懂得了珍惜，也明白了自己的生活是幸福的。

怀着高度责任感去生活，你会更加优秀

适用写作关键词：责任　担当

工作的基点是责任心

李丽和张灵是同事，刚进入公司的时候，她们的职位都是采购员，薪水也是一样的。但是，没过多长时间，张灵就升职加薪了，而李丽依然在原地踏步。李丽认为这是老板不公平，她心里有一些牢骚。

有一天，李丽实在忍不住了，她向老板发起了牢骚。老板一边耐心地听着李丽的抱怨，一边在心里想着如何向她解释她们之间的差别。不一会儿，老板有了主意，他对李丽说："小李，你去集市上看看早上都卖些什么？"李丽听见老板吩咐自己做事，马上就去了，不一会儿就回来向老板汇报说今天集市上只有一个农民拉着一车白菜在卖。

老板问："一共有多少白菜呢？"李丽又跑到集市上，回来告诉老板有30斤白菜。老板继续问："价格多少？"李丽第三次赶到集市上问来了价格，这时老板说道："好吧，你看看张灵是怎么处理这件事的。"

张灵很快从集市上回来向老板报告说："到现在为止只有一个农民在卖白菜，一共30斤，价格是5毛，白菜质量不错，我带回来一颗给您看看。这个农民在一个小时之后还会运来几袋土豆，我觉得他的价格非常公道。昨天我们店里的土豆卖得非常快，库存不多了。我想这么便宜的土豆你肯定会要一些，所

以我把那个农民也带来了，现在他正在外面等着回话呢。”这时，老板对站在一旁的李丽说：“现在你应该清楚为什么我会给张灵升职加薪了吧。”

张灵热情工作的基点正是责任心，实际上，责任心是健全人格的基础，是未来能力发展的催化剂，更是女孩们成长所必需的一种营养，它能够帮助女孩成长和独立。懂得自己的责任，学会负责，女孩才有前进的动力；只有认识到自己的责任，女孩才知道自己应该做什么以及怎么去做。

知识窗

采购员：采购员主要负责采买一个（或是多个）品牌的产品。一个优秀采购员的性格特征：第一，善良；首先要具备守信的态度及能力。第二，可激怒性；必须有点小性格。第三，宽容性。在对方首先违规，但知道自己的选择不多时，懂得原谅对方。当然，对那些供应商很多的情况下，就坚决使用第二种性格。

励志点金石

林肯说：“每一个人都应该有这样的信心：人所能负的责任，我必能负；人所不能负的责任，我亦能负。如此，你才能磨炼自己，求得更高的知识而进入更高的境界。”

没有责任感的女孩子，她一定不会成为一个成熟的女性。因为责任感是一种来自心理上的成熟，有责任感、敢于担当，这样的女孩子才会受人赞扬。另外，责任感也是每一个成功者必备的素质，当女孩怀着高度责任感去生活、学习，就会让她表现得更加优秀、更加卓越。

为你支招：如何成为一个有责任感的女孩？

1.学会对自己负责

一个女孩只有懂得尊重自己的感情，尊重自己的理想，珍惜自己的年华和生命的活力，才能从自己的理想出发来安排现实生活。比如，女孩的大部分责任是学习，假如学习不够认真，那就是对自己不负责任。此外，对自己负责还包括对自己的事情负责，凡事能够自己做的事情都自己去做，包括穿衣、洗脸等，只有女孩从小养成对自己事情负责的良好习惯，才有可能慢慢学会对父母、朋友、老师等有关的人和事负责。

2.学会善待他人

关心他人，善待他人，这是女孩子培养对家庭和社会的责任心的基础。在日常生活中，女孩应主动关心老人、病人和比自己小的孩子；当爷爷奶奶生病的时候，学会照顾他们；知道朋友的生日，并在生日那天给朋友送上一份生日礼物。

3.学会反省

女孩子需要适时反省。当女孩在分析问题的时候，只会考虑到别人的过错，总是为自己找借口，这有可能会导致她们缺乏责任心。遇到了困难不能解决，就把责任推到父母头上去；学习成绩不好，就把责任推到老师头上去。这些都是不良的行为习惯，女孩应该清楚，任何一件事情，首先应该反省的是自己，分析自己过失、对错，明白自己在这件事中应该负什么样的责任。

第4章

做有主见的女孩，自己的事情自己做

一个女孩的人格获得了独立，那么，她就会有自己的想法和观点，而这就是一个有主见的女孩。时代赋予了女孩更多的财富，比如知识、能力，女孩不再是“无才便是德”，她们在自己的工作和事业上也可以独当一面，甚至创造出属于自己的一片天空。

优秀的人都该有个性和自己的思想

适用写作关键词：思想　领袖

哈佛大学破格录取的女孩

在2005年圣诞节的前夕，一位名叫汤玫捷的学生收到了哈佛大学的本科录取通知书，以及每年4.5万美元的全额奖学金。据了解，这种提前录取的情况，中国只有一个，亚洲也只有两个。它意味着，哈佛这所全球顶尖名校，视她为最符合哈佛精神、最需要提前抢到手的优异学生。

能进哈佛的人，一定是学习成绩最优秀，考分最高的学生。但汤玫捷所在学校的老师对她却给予了这样的评价：她不是我们学校成绩最好的学生。她从来没有在各类数理化竞赛中摘金夺银，甚至连奥数课都没有上过。

这不禁让许多学生费解，哈佛凭借什么标准招收学生呢？

拿起哈佛入学的申请表，你会发现，除了我们熟悉的考试成绩之外，还有一大堆学术背景。社会工作、兴趣爱好、老师推荐信，外加两篇小论文。汤玫捷担任过学校的学生会主席，辩论队成员，还作为交换学生，到美国著名私校西德威尔中学学习过一年。甚至在那里，也被好表现的美国学生称赞为“学生领袖型的人才”。

一位哈佛教授说：“哈佛不需要只会考试的应试机器，我们要求学生：有

鲜明的个性，有学术精神，有领导能力。哈佛所培养的是国家未来的精英，是在政治、法律、金融、管理和学术各个领域的顶尖精英。哈佛重视的是一个年轻人的综合素质，从知识的适应能力到创造精神，从博雅文化到领袖气质。”哈佛需要和培养的是有思想、有想法的人，他们坚信，只有这样的学生，才能推动人类社会的快速进步。不仅仅是在哈佛，在其他领域，那些有想法的人，也同样更容易受到重视，他们的发展潜能更加巨大。

知识窗

学生会主席：学生会作为学校当中的学生自治组织，是学校联系学生的桥梁、是学生自治的实现形式、是学生利益的忠实代表、是学生锻炼能力展示才华的重要舞台。学生会主席作为学生会的最高负责人，在学校学生自治工作中发挥着关键作用。有什么样的学生会，就有什么样的学生会主席，就决定了学生会主席的具体释义、地位、条件、产生和职责等具体内容。

励志点金石

拉姆：“你可以从别人那里得来思想，你的思想方法，即熔铸思想的模子却必须是你自己的。”

不管在任何关键的时候，正确的想法都是解决问题的唯一途径。想法是大脑的活动，人的一切行为都受它的指导和支配。想法虽然看不见、摸不到，但它真实地存在着。有什么样的想法，就会有什么样的命运。

为你支招：如何成为有想法的女孩？

1.敢于质疑

在一个相对平等、宽松、和谐的家庭氛围，女孩要善于大胆设想，敢于质疑，敢于提问，要清除自己怕提问、担心被嘲笑的心理疑虑，大胆地问，毫无顾忌地问，只要是质疑的声音，不管好与坏，不论对与错，都要积极思考。

2.善于提问

女孩应该掌握提问的方法，善于抓住重点，抓住关键处提问，向“真理”、“科学结论”提问，不能“浅问辄止”，而是刨根问底，多角度思考问题，多方位提问。提一些有价值的问题，有价值的问题就是通过表象看到实质的问题。同时，女孩要有充分的时间思考，便于深入思考。

3.自己寻找答案

解疑就是按照提出的问题进行研究探讨，从而让问题得到圆满的解决。在这个过程中，女孩学会了探究的方法，提高了能力，体会到了成功的喜悦。而且，有利于女孩在解疑过程中发表独特的意见，提出了有创造性的问题，而且符合问题的答案。女孩可以通过课外书、电视、网络、老师等多种途径来解决问题。

4.再质疑

犹太人认为，“疑—质疑—解疑—再起疑—质疑—解疑”，这是一个反复的过程。女孩在探究过程中发现问题，在解疑结论中再次产生问题。女孩就应该明白，解决一个问题并不是代表着结束，一个问题讨论结束并不代表着这个问题就结束了，应再次提问，再次探究。

掌控命运，女孩的人生要由自己做主

适用写作关键词：坚韧　命运

我的命运不被任何人主宰

许多年前，一位女性到美国罗纳州的一个学院发表讲话。这个学院规模并不是很大，但这位女性的到来，使得本来不大的礼堂里挤满了兴高采烈的学生，学生们都为有机会聆听这位大人物的演讲而兴奋不已。

经过州长的简单介绍，演讲者走到麦克风前，看着学生们，扫视了一遍，开口说："我的生母是聋子，我不知道自己的父亲是谁，也不知道她是否还活在人间，我这辈子所拿到的第一份工作是到棉花田里做事。"

台下的学生们都呆住了，那位看上去很和善的女人继续说："如果情况不尽如人意，我们总可以想办法加以改变。一个人若想改变眼前的不幸或不尽如人意的状况，只需要回答这样一个简单的问题。"接着，她以坚定的语气接着说："那就是我希望情况变成什么样，然后全身心投入，朝理想目标前进即可。"说完，她的脸上绽放出美丽的笑容："我的名字叫阿济·泰勒摩尔顿，今天我以唯一一位美国女财政部长的身份站在这里。"顿时，整个礼堂爆发出热烈的掌声。

阿济·泰勒摩尔顿是一位女性，一位生母是聋子，亲身父亲不知道是谁的女性，一位没有任何依靠、饱受生活磨难的女性，而恰恰是这位表面柔弱

的女性，竟成为了美国唯一一位女财政部长。说到自己的成功，她却只是轻描淡写地说："我希望情况变成什么样，然后就全身心投入，朝理想目标前进即可。"

有人说："积极创造人生，消极消耗人生。"或许，只有好心态的女人才能驾驭自己的人生，也才能收获幸福与快乐。"心态决定命运"，自然，良好的心态必将带来好的命运，好的一生。

演讲：演讲又叫讲演或演说，是指在公众场所，以有声语言为主要手段，以体态语言为辅助手段，针对某个具体问题，鲜明、完整地发表自己的见解和主张，阐明事理或抒发情感，进行宣传鼓动的一种语言交际活动。大体有如下四种：照读式演讲、背诵式演讲、提纲式演讲、即兴式演讲。

励志点金石

阿济·泰勒摩尔顿说："我希望情况变成什么样，然后就全身心投入，朝理想目标前进即可。"

心态是人们的心理态度，简单地说，就是人的各种心理品质的修养和能力。当然，心态还包括人的意识、观念、动机、情感、气质、兴趣等心理素质，因此，心态对人的思维、选择、言谈和行为动作具有导向和支配作用。而恰恰是这种导向和支配作用决定了人生的繁盛与兴衰，决定了命运。

为你支招：女孩如何掌控自己的人生？

1.走自己的路

每个人都应该有一条自己该走的路，千人一面的人，是不会得到欣赏的，只有特立独行才能吸引人们的注意。许多女孩不敢特立独行就是因为她们没有

敢为天下先的勇气。抛开自己的成见，改变自己的怯弱，自己的人生还得自己来书写。女孩不要成为和别人一样的人，为什么不将自己的特色展现出来，为什么不让自己的优点长处凸现出来?

2.培养自己的雄心

有雄心是一件好事，这说明女孩有抱负，有宏伟的志向。有雄心的女孩会有坚强的意志去实现自己的目标，雄心会在潜意识中激发人的斗志。只要有雄心，目标就不再遥不可及。任何困难在有雄心的女孩眼中都不是困难，而是成功路上的垫脚石，有了这些垫脚石，就能更快更容易取得成功。

3.保持乐观的心态

女孩生活中总会遇到这样或那样的挫折，比如跟朋友怄气、考试成绩下降了、被妈妈训斥了一顿，等等。对于这些小挫折，女孩应该保持乐观积极的心态，不要在乎这些事情，暂且忍耐一下就过去了，每天面带微笑地迎接新的一天。女孩应该知道，你怀着什么样的心态，那就决定着什么样的命运。

做一个独立的、被别人尊重的女孩

适用写作关键词：独立　自强

我不需要依赖谁

李菲说："或者因为我是在单亲家庭长大，自小就见到妈妈一个女人，将我和弟弟养大，我们从来没有依靠过一个男人，所以，我从小到大的概念就是：女人一定要靠自己。即使以后有了男朋友，但始终不知道缘分到何时才会完。而且，老了仍需要独自面对体力衰弱、健康问题，所以，女人要自强，最要紧的是经济独立。"

李菲看上去很美丽、聪慧、温婉，从外表上看，有些让人怀疑她的身份。但正是这样一个女人，却让江城房地产界刮起了最强烈的"美景天城"的旋风。或许，只有跟她说话，你才会感受到她那温婉之下隐藏的魅力：果敢、决断、大气和机智。而促使她最终走向成功的就是独立与自强，她说："我认为美丽的女人应该是独立的，自强的。曾经有这样一句话：好女人是一所大学。一个独立自强心灵美的女人是一所大学，不但滋润着家庭，而且会在很多方面给周围的人带来启发。同时，潜移默化中她的美丽、睿智、学识还会给孩子的成长带来极大的良性引导。"

一说到女孩的独立，人们总会想到一个高举红旗、坚决与男人进行抗争的女人形象。一直以来，这种形象在全世界被广泛宣传，于是，许多女孩觉得独

立自强就是那个样子。其实，女孩的独立并不在于与男人的抗争中，而在于找准自己的位置。独立自强是一种人生境界，它需要女孩具备高素质的心态和新的价值观。

女孩的独立体现在生活、思想方面。首先，女孩应该思想独立，在思想上，需要有自己的想法，发扬自己的个性，需要恰到好处，不可张扬。其次，女孩要生活独立，在家里自己的事情自己做，不要任何事情都依赖于父母，尤其是那些力所能及的事情，更需要自己动手做，比如洗衣服、帮妈妈择菜、煮饭、打扫卫生，等等。

知识窗

大学：泛指实施高等教育的学校，指提供教学和研究条件和授权颁发学位的高等教育机关，“大学”是从拉丁语“UNIVERSITAS” 派生的，大致意思是“教师和学者的社区”。

励志点金石

理查德·尼克松曾说：“我们有必要恢复对我们的理想、命运和我们自身的信念。我们活在世上不只是为了享乐和自我满足。我们负有创造历史的使命——不漠视过去、不毁弃过去、不向过去倒退，而是发奋向前、积极向上，为未来开辟新的前景。”

独立生存能力就是女孩遇事有主见，有成就动机，不依赖他人就可以独立处理事情，积极主动地完成各项实际工作的心理品质，同时，它将伴随勇敢、自信、认真、专注、责任感和不怕困难的精神。

为你支招：如何成为一个独立自主的女孩？

1.在游戏中培养积极性

在平时的生活中，孩子不妨通过游戏来培养自己的积极性，比如洗脸时与父母比赛，看谁的脸洗得又快又干净。通过这样一些活动，培养自己独立自主的生活能力。同时培养自己的自我教育能力，自我观察、自我体验、自我监督、自我批评、自我评价和自我控制等能力，培养自己的时间观念，让自己懂得什么时候应该做什么事情且一定要做好。

2.培养独立意识

女孩需要长大，如果成为一个大孩子了，那在生活和学习方面不能完全只依靠父母和老师，而是需要慢慢地学会生存、生活、学习和劳动。自己的事情自己做，遇到问题和困难自己要想办法解决。

3.合理安排闲暇时间

女孩不妨在近期做一个理智的分析，看看自己短期之内可以达到哪些目标，各种活动对自己发展的意义有多大等，然后做出一些时间安排，并在执行计划的过程中不断修改。女孩可以利用平时的闲暇时间，开展一些有益的活动，比如唱歌、跳舞、下棋等，尽可能培养孩子的兴趣爱好，让生活变得更充实。

4.培养孩子的生活自理能力

在平时的生活中，女孩们应学会自己起床睡觉，学会摆放碗筷、收拾饭桌；学会洗简单的衣物，比如小手绢、袜子等。隔一段时间，女孩可以整理一次，这样逐渐形成独立生活的能力。即便有些家务较难，但只要养成全力以赴的习惯，也会对自己的性格产生积极的影响。

学会独立思考比获得知识更重要

适用写作关键词：思维　变通

思维的魔力

匈牙利在20世纪40年代发明了圆珠笔，由于它易于书写和便于携带，所以一经问世便风行全球。可好景不长，这种圆珠笔在使用一段时间后就会漏油，容易弄脏纸张及衣袋。

对此，圆珠笔发明者及很多研究圆珠笔的人都反复进行研究，他们发现毛病出在笔尖的滚珠上。原来书写时受到磨损，墨油就从磨损部位漏出来。他们将注意力集中在滚珠上，拼命提高滚珠的耐磨性。当滚珠的耐磨性改善后，滚珠与笔杆接触的耐磨问题又冒出来了。

而本人中田藤三郎却发现了问题中的奥秘。在他看来，圆珠笔很有发展前途，假如能改进漏油问题，将会获得比那圆珠笔的发明者更多的财富。他仔细分析了圆珠笔的结构及出毛病的原因，也总结了许多人对改进漏油问题的失败经验，最后，他采取逆向思维，获得了防止圆珠笔漏油的方法。

他的方法很简单：通过反复试验，统计当圆珠笔写到多少字后就漏油，在掌握这个数量的基础上，着手减少笔芯的装油量，减少到圆珠笔磨损到开始漏油前，笔芯中的笔油用完了，也就无油可漏了。笔芯的油用完了，可换支笔芯，圆珠笔可继续使用。

独立思想是击破思维定式的有效武器，无论是在创新思考的开始，还是在其他某个环节上，当我们的创新思考活动遇到了障碍，陷入了某种困境，难以再继续下去的时候，往往都有必要认真检查一下：我们的头脑中是否有了某种思维定式在起束缚作用？我们是否被某种思维定式捆住了手脚？

圆珠笔（Ball Point Pen）：或称原子笔，是使用干稠性油墨，依靠笔头上自由转动的钢珠带出油墨转写到纸上的一种书写工具。具有不渗漏、不受气候影响、书写时间较长、无须经常灌注墨水等优点，而且价格比较低廉，是近些年来最为风行世界的书写工具。

励志点金石

富布赖特说：“我们要敢于思考‘不可想象的事情’，因为如果事情变得不可想象，思考就停止，行动就变得无意识。”

思考就像播种一样，播种越勤，收获越丰。一个善于独立思考的女孩子一定能品尝到甘甜的果实，享受到丰收的喜悦。爱因斯坦曾说：“学会独立思考和独立判断比获得知识更重要。”他还说：“不下决心培养思考习惯的人，便失去了生活的最大乐趣。”

为你支招：女孩们如何培养自己的独立思考能力？

1.学会独立思考

女孩在平时生活中要学会独立思考，每次遇到什么难题，都要留给自己思考的空间，而不是动不动就问父母或老师。当遇到一些事情或问题的时候，多问问“这是怎么回事”、“假如是我，我会采用什么办法”、“对这件事，我是怎么想的”，这样提出一些问题，引起自己思考，并逐步展开思

考。即便自己很长时间没有思考出什么，也不要着急，休息一下，再思考或许就有答案了。

2.培养自己的好奇心

孔子说过："学而不思则罔。"这是学习与思考的关系，也说明了思考对于学习的重要性。好奇心是女孩子的天性，她们会不断地发问"为什么"，这时候不要因父母的压制就克制自己的好奇心，而是要培养自己的好奇心。选择独立思考的机会，积极思考探索，在思考中自己找出答案，有意识地培养自己独立思考的能力。

3.鼓励自己大胆发问

有人曾经问大哲学家穆尔谁是他最得意的学生，穆尔毫不犹豫地回答："是维特根斯坦。""为什么？""因为在我所有的学生中，只有他一个人在听我讲课的时候老是露出迷茫的神色，老是有一大堆的问题。"后来，维特根斯坦的名气超过了罗素，当有人问罗素为什么会落伍时，穆尔坦率地说："因为他已经没有问题了。"

由此可见，女孩子的大胆提问有多重要，这样表明她是在积极思考的，鼓励提问是智力教育的一种重要方法。平时鼓励自己大胆提问，问得越多，知道得越多，就越能提高自己的独立思考能力。

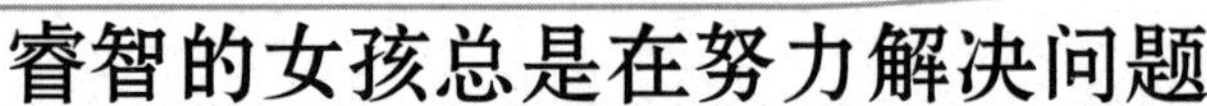

睿智的女孩总是在努力解决问题

适用写作关键词：改变　机会

从改变开始

惠普中国区首席财政官韩颖说：“好的设想常常被扼杀在摇篮里，但这绝对不是你变得平庸的真正原因，永远不要害怕改变，改变里就有契机。”

当年，韩颖离开了自己工作九年的海洋石油公司，正式加入惠普公司，在财务部工作。那年，她34岁，面对周围朋友的异议，她说：“人生什么时候改变都不会晚。”

在20世纪80年代末期，惠普公司的员工还没有工资卡，每次发工资都是手工完成。三百多人的工资，又没有百元大钞，韩颖必须得一一核实，经常数钱数得头都晕了。无意中经过公司附近的一家银行，韩颖灵光一现，为什么不给员工开户，让员工凭着折子领取工资呢。

说做就做，她兴奋地告诉大家以后领工资不用去排队等候了，直接拿着折子就可以去银行领取了。但是，事情并不顺利，先是员工有抵触情绪，然后，上级领导又把韩颖批评了一顿。回到财务部，韩颖努力忍住自己的眼泪：难道自己真的错了吗？

正在这时，公司的上层领导听说了这事，赞扬了她：“你改写了公司手工发工资的历史，这种勇气和创新精神非常值得嘉奖！”

韩颖对自己的人生很有想法，她所做的努力就是改变自己。改变，它本身带着一种破坏性，将意味着你将破坏以前固有的东西，而重新去接纳一种新的东西。几乎所有的改变都具有破坏性，即使是好的改变。但是，在生活中，许多事情都是需要改变的，那是不容拒绝的。

知识窗

惠普公司（Hewlett-Packard Development Company，L.P.，简称HP）：总部位于美国加利福尼亚州的帕罗奥多（Palo Alto），是一家全球性的资讯科技公司，主要专注于打印机、数码影像、软件、计算机与资讯服务等业务。惠普（HP）是世界最大的信息科技（IT）公司之一，成立于1939年，总部位于美国加利福尼亚州帕洛阿尔托市。惠普下设三大业务集团：信息产品集团、打印及成像系统集团和企业计算及专业服务集团。

励志点金石

哈佛人懂得，不管在任何关键的时刻，正确的想法都是解决问题的唯一途径。

在现实生活中，我们常听人说：“我一天到晚都很忙，忙得都没有时间去想。”然而，就是“没时间去想”这五个字，却成为成功与失败的分水岭。平庸的人只知道“埋头拉车”，而那些睿智的人却努力想出解决事情的最好方法。

为你支招：如何成为有内涵的女孩子？

1.有见解

在平时生活中，遇到一些事情，女孩要善于提出自己的见解，哪怕你觉得这个见解并不完全合适，不过也需要大胆说出来，要的就是与众不同。比如在

上课时，当老师针对一个问题提问的时候，女孩心中有了答案，不要退缩，而是要大声说出自己的答案。

2.多阅读书籍

女孩通过广泛地阅读可以获取各种知识，毕竟知识是一个人思想的材料，所谓“思而不学则殆”，建立完整的、系统的知识结构对女孩思考问题非常重要。在课间或周末休息时候，女孩应该保持每天阅读的习惯，所涉猎的书籍可以是天文地理、文学读物等。

3.增加自己的阅历

要有意识地增加自己的阅历。不要怕害羞，也不要总是宅在家里，而是跟着父母走出门，比如跟随父母参加聚会、活动等。即便没有父母的陪伴，女孩也可以与同学、朋友一起去郊游，甚至策划一些聚会活动。对于一些社会公益活动，积极主动参加，会让女孩受益不少。

4.多认识几个志同道合的朋友

俗话说：“近朱者赤，近墨者黑。”在每个班级，都会有一些品学兼优的学生，女孩要善于与这样的学生交往，多听听他们对一些问题的看法，平时也可以交流一下对某书籍的观后感。女孩要善于汲取别人好的见解，综合自己的想法，提炼出独立的思想。这样时间长了，自己自然会成为有想法的女孩。

第5章

好女孩有好习惯，心怀天下也要先扫一屋

孔子说：“少成若天性，习惯如自然。”意思是小时候形成的良好行为习惯和天生的一样牢固。近代英国教育家洛克在其《教育漫话》中说道：“儿童不是用规则教育就可以教育好的，规则总是被他们忘掉。你觉得他们有什么必须做的事，你便应该利用一切时机，给他们一种不可缺少的练习，使它们在他们身上固定起来。这就使他们养成一种习惯，这种习惯一旦养成之后，便不用借助记忆，很容易地、很自然地发生作用了。”

人生短促，抓紧时间做有益的事

适用写作关键词：立即　坚持

马上出发，成为自己想做的人

安妮是哈佛大学里艺术团的歌剧演员，她有一个梦想：大学毕业后，先去欧洲旅游一年，然后要在纽约百老汇占有一席之地。心理老师找到安妮说：“你今天去百老汇跟毕业后去有什么差别？”安妮仔细一想，说：“是呀，大学生活并不能帮我争取到去百老汇工作的机会。”于是，安妮决定一年后去百老汇闯荡，老师感到不解：“你现在去跟一年以后去有什么不同？”安妮想了一会，对老师说：“我决定下学期就出发。”老师紧紧追问：“你下学期去跟今天去，有什么不一样呢？”安妮有点眩晕了，她决定下个月就去百老汇。老师继续追问：“一个月以后去跟今天去有什么不同？”安妮激动不已，说：“给我一个星期的时间准备一下，我就出发。”老师步步紧逼：“所有的生活用品在百老汇都能买到，你一个星期以后去和今天去有什么差别？”安妮激动地说：“好，我明天就去。”老师点点头：“我已经帮你预定了明天的机票。”

第二天，安妮飞赴百老汇。当时，百老汇的制片人正在酝酿一部经典剧目，许多艺术家都前去应聘。当时的应聘步骤是先挑出10个左右候选人，然后，再要求每人按剧本演绎一段主角的对白。安妮到了纽约后，没有着急打扮

自己，而是费尽心思从一个化妆师手里要到了剧本，在以后的两天时间里，她闭门苦练，悄悄演练。到了正式面试那天，安妮表演了一段剧目，她感情真挚，表演惟妙惟肖，制片人惊呆了，当即决定主角非安妮莫属。

安妮到纽约的第一天就顺利进入了百老汇，穿上了她人生中的第一双红舞鞋，她的梦想实现了，她成为了百老汇的一名演员。尽管之前她犹豫不决，不过她依然抓住了时机——马上出发。在生活中有许多追逐梦想的人，总是磨磨蹭蹭，前怕狼后怕虎，结果硬生生地耽误了时间，错失良机。

知识窗

百老汇（Broadway），原意为“宽阔的街”，但另一种说法认为这个名字是从荷兰文Brede weg翻译过来的，这和把Wall Street翻成华尔街是相同的道理。百老汇大道（Broadway）为纽约市重要的南北向道路，南起巴特里公园（Battery Park），由南向北纵贯曼哈顿岛。由于此路两旁分布着为数众多的剧院，是美国戏剧和音乐剧的重要发祥地，“百老汇”因此成为了音乐剧的代名词。

励志点金石

斯宾塞说：“必须记住我们学习的时间是有限的。时间有限，不只是由于人生短促，更由于人事纷繁。我们应该力求把我们所有的时间用去做最有益的事情。”

时间对我们每个人都是平等的，谁有紧迫感，谁珍惜时间，谁勤奋，谁就可以得到时间老人的奖赏。养成良好的时间观念是一个人做事成功的基本前提，不过这并不意味着全部，特别是对女孩子而言，良好的行为习惯是多方面的。

为你支招：女孩如何对自己的时间进行管理？

1.提高学习效率

为了提高效率，需要科学地利用大脑。因为用脑的时间长了，大脑会变得迟钝。通常学习一个小时左右，大脑就会疲倦，如果这时依然继续学习的话，学习效率是较差的。所以，女孩可以交替学习，这样大脑各部分就可以得到轮流休息，从而达到提高学习效率的目的。

2.善于利用时间

对于一些事情，最好是用整体的时间，一气呵成，最后才能出个结果。对此女孩要善于利用时间，比如在计算一道很困难的数学题，假如每天思考一会，又去干别的事情，那第二天再来思考的时候，就又会记不得昨天的思路，这样就会很耽误时间。

3.避免养成磨蹭的习惯

女孩只有在体会到磨蹭会给自己带来损失之后，她才会自觉地快起来。比如，女孩早晨有赖床的习惯，假如女孩真的迟到了，受到老师批评之后，就会意识到磨蹭给自己带来的害处了。

4.巧妙利用倒计时

对于女孩来说，有的事情是硬性任务，必须在某个时间段完成，这时女孩可以利用“倒计时”的方法来安排时间。比如，在一个月之内必须做完的事情，算算还有多少天，规定每天做多少，当天没有完成的话，需要及时补上。女孩明白假如不能按时完成，错过了机会，那就前功尽弃。

5.有一个规律的作息时间

女孩子心理过程的随意性较强，自我控制能力比较差，经常是一边吃饭，一边看电视。一件事情没有做完，心里已经开始想到另外一件事情了。这样一不注意就会养成“拖拉”的坏习惯，良好的作息习惯是养成时间观念的前提。女孩子可以制作一张作息时间表，什么时间起床，洗漱需要多长时

间，吃早餐需要多少时间，放学后做什么，几点睡觉，做出合理的安排，只有将作息时间固定下来，形成习惯，女孩就会对时间有一个明确的认识，养成良好的时间观念。

身体是本钱，女孩要有健康保养的意识

适用写作关键词：营养　健康

健康是最大的财富

梦洁刚刚大学毕业，在家人朋友的帮助下找了一份不错的工作，每个月薪水不少，就是太忙了，忙得都没有睡觉的时间。所以，早上为了能赖那么十几分钟的床，索性省了早餐。有时候，闻着隔壁小吃店的美味，也忍不住买点吃的东西。但是，她从来不喝牛奶不吃面包，她觉得那样的饮食搭配显得寡然无味，还不如吃点油炸食品。

中午的时候，当别的同事都出去吃饭了，梦洁还在公司忙碌着，经常都是喊外卖，吃着快餐店的饭菜，她也分辨不出什么是美味、什么是难吃，只要能吃饱就好了。在她看来，中午不用花多少心思，不如留着肚子晚上吃个痛快。傍晚，梦洁结束了一天的工作，约几个好朋友去酒吧玩，喝酒唱歌跳舞，好像把白天工作所带来的那种负荷都摆脱得一干二净。玩到很晚，大家才散伙，因为在酒吧只顾着喝酒，这时候才发觉饿了，于是又吃着路边的烧烤，或者回家煮包泡面。

她从来没有觉得自己的饮食有什么问题，直到最近觉得身体不太对劲。在医院，当医生把“亚健康”这样的字眼抛给了梦洁时，她有些不相信，自己才刚刚大学毕业，正值青春年华，怎么会处于亚健康状态了。医生笑着说：“就

是你们这个年龄，自认为太年轻了身体就很好，不珍惜身体，不注意饮食。所以，你们要特别注意自己的饮食习惯，否则还会引发身体疾病。”梦洁拿着医师开得营养饮食清单，心里却在想，自己还真舍不得那深夜的美味烧烤呢？可是，一方面又是身体的健康问题，她陷入了纠结。

也许，我们身上都有梦洁的影子，不讲究早餐午餐的营养，却贪念深夜的美味烧烤。但是，如果不良的饮食习惯和身体健康摆在面前，自己又会做出怎么样的选择呢？虽然受到了医生的警告，但有的人还是“不见棺材不掉泪”，任性地折腾自己的身体，直到躺在了医院才发现事情的严重性。

知识窗

亚健康：是一种临界状态，处于亚健康状态的人，虽然没有明确的疾病，但却出现精神活力、适应能力和反应能力的下降，如果这种状态不能得到及时的纠正，非常容易引起心身疾病。亚健康即指非病非健康状态，这是一类次等健康状态，是处于健康与疾病之间的状态，故又有“次健康”“第三状态”“中间状态”“游移状态”“灰色状态”等的称谓，我国普遍称为“亚健康状态”。

励志点金石

巴尔扎克说：“有规律的生活原是健康与长寿的秘诀。”

正处于青春期的女孩子，正是长身体的重要时期，所以在这一时期你们的身体需要得到锻炼，才能够铸就健康的身体。许多青春期女孩子因为缺少运动成了小胖墩、小四眼、小驼背，这样的身体状况造成了内心的自卑心理。女孩平时学习比较紧张，有时候身体会吃不消，这时候更需要一个强健的体魄来支撑学习，身体就是革命的本钱，只要有健康的身体，才会使你的学习更加进步。

为你支招：女孩如何保持强健的身体？

1.预防近视

培养正确的读书、写字姿势，不要趴在桌子上或扭着身体；看书写字时间不能太长，持续一个小时左右就需要短时间的休息；认真做好眼保健操；多进行一些户外运动，比如放风筝、打羽毛球。另外，在饮食上，还需要注意多吃些含维生素较丰富的食物，如各种蔬菜及动物的肝脏、蛋黄等。

2.劳逸结合

在平时的生活中，注意劳逸结合，避免过度疲劳；保持情绪稳定，以免因为情绪波动而影响血压波动；适当锻炼身体，多做一些有益于健康的锻炼，如游泳、跑步等；不吸烟、不酗酒，坚持良好的行为习惯。

3.保证充足的营养

青春期是每一个女孩子身体发育的最重要时期，也是一个关键时期。在这一时期，你的身体的每一个部位都在生长，而这时就需要足够多的营养，只有充足的营养，才能保证健康顺利地成长。因此，每日摄取的食物中要保证有足够的热量及蛋白质。当然，你在摄取高热量、蛋白质膳食的时候，应该以平衡膳食、全面营养为原则。应当平均膳食，做到荤素搭配、主副食搭配，每顿饭中食物种类多一点好。

4.适当运动

许多女孩子不愿意外出运动，天天窝在家里玩电脑，还有部分女孩子喜欢睡懒觉，一到休息日就睡到中午，从来不吃早饭，又怕热又怕冷，不愿运动。其实，女孩在学习之余，可以进行适当的运动，比如跑步、打羽毛球、打乒乓球等，以此达到锻炼身体的目的。

女孩不要做轻浮和虚荣的贪食者

适用写作关键词：虚荣　嫉妒

虚荣的代价

早上，王雯穿着新买的裙子上班，心里别提多美了，心想：这身打扮应该会把办公室那群人给比下去，不知道多少人会称赞自己有品味呢。她一边想着，一边乐，忍不住对着公司大门的镜子整理头发。来到办公室，王雯还没有来得及炫耀自己的新裙子，就看到一大群女人围着李倩，大家嘴里发出阵阵赞叹声。王雯心中顿感不快，挤着围过去一看，原来，李倩今天也穿了条新裙子，而且，无论是款式还是质量，都在自己所穿的裙子之上。王雯看了一眼，满脸不屑，气冲冲地走了，身后传来同事的议论："她总是这副样子，爱比较，比了又生气，真是，搞不懂这个人……""可不是嘛，要我说啊，就是嫉妒心在作怪，每次都这样子，都已经习惯了。"

听了同事的议论声，王雯怒火腾地升起，她回过头，大声责问道："你们说谁呢？"同事纷纷走开了，只留下脸红脖子粗的王雯。生气的王雯进了卫生间，对着镜子重新审视自己的裙子，越看越生气，一气之下，王雯拉着裙子的下摆猛地一扯，本来只是想发泄心中的怨恨，没想到，新买的裙子居然被扯出了一条长长的口子。看着镜子中的自己，王雯气得哭了起来。

对于一些虚荣、私心较重、心理欲望较高的人来说，他们时常会因为攀比把自己气得够呛，到最后，他们也不知道事情到底错在哪里。心胸狭窄的人，总喜欢以己之长比人之短，喜欢计较个人名利得失，越比较越是痛苦，感觉自己真的“吃了亏”或“运气不好”，甚至开始抱怨自己是“生不逢时”。看到自己的朋友当了官、发了财，自己的心理就很不平衡，总想着之前他还不如自己呢，但是，他们却不去思考对方取得成功的原因。

知识窗

虚荣心：是指过分爱面子、贪图追求表面光彩的不良心理，是思想作风不扎实，心理素质不健康的直接表现。虚荣心是自尊心的过分表现，是为了取得荣誉和引起普遍注意而表现出来的一种不正常的社会情感，是一种复杂的心理现象。

励志点金石

莎士比亚说：“轻浮和虚荣是一个不知足的贪食者，它在吞噬一切之后，结果必然牺牲在自己的贪欲之下。”

虚荣心强的孩子在成长过程中经常会出现这样一些问题：她们为了满足虚荣心理而经常说谎，情绪不稳定，不认真学习，缺乏意志力，等等。虚荣心对青春期的孩子来说是一种可怕的心理。心理学家认为：“虚荣心是以不适当的虚假方式来满足自尊的一种心理状态。”

为你支招：女孩们如何丢掉虚荣心？

1.树立正确的荣誉观

只有女孩树立了正确的荣誉观，有了荣誉感，才会激励自己不断进取，不断奋发向上。女孩应该明白这个道理：“同学们吃大餐、穿名牌、坐名车并不值得羡慕、嫉妒，因为这不是一种荣誉，只有你的学习成绩优异才是一

种荣誉。”

2.学会自食其力

当女孩为了虚荣心而攀比的时候，你可以告诉自己：“不是不可比，而是要通过自己的努力，去创造与别人相同的条件，从而巧妙地将攀比化成动力。”比如，女孩想跟别的孩子比手机的档次，那女孩可以通过自己打工攒零花钱购买手机。这样不仅解决了女孩盲目攀比的难题，还让女孩形成了节约意识、养成动手动脑、发明创造的习惯。

播撒爱的种子，收获满满的幸福

适用写作关键词：帮助　爱

爱的真谛

詹妮·林德是瑞典最杰出的歌唱家。有一次，林德正和一个朋友散步，看到一个老妇人摇摇晃晃地走进了一所救济院的大门。看着老妇人蹒跚的脚步，林德的同情心突然之间被激发了，她想帮助这位老妇人。于是，林德也走进了那扇大门，并假装需要在那里休息一会儿的样子。

林德友好地向老妇人打招呼，两个人闲聊了起来，然而，令人惊讶的事情发生了，这个老妇人随机开始谈起了自己所仰慕的歌唱家詹妮·林德。老妇人说："我已经在世上活了很长很长的时间了，在我死之前，我没有别的想法，我特别想听听詹妮·林德的歌声。"林德问她："那会让你感到快乐吗？"老妇人笑着点点头："是啊，但像我这样的穷人是没办法去音乐厅的，也许，我永远听不到她的歌声了。"林德笑着说："谢谢你们的肯定，请坐，我的朋友，听我唱一首吧！"

美妙的歌声响起来了，詹妮·林德真诚地歌唱了自己最拿手的一支歌曲，老妇人十分高兴。林德对她说："现在，你已经听过詹妮·林德的歌声了。"

詹妮·林德不仅是杰出的歌唱家，更是点缀心灵的有爱心的人。一个能为

别人付出时间和心力的人，才是真正富足的人，因为帮助别人不仅利人，同时会有效地提升自己的人生价值，这就是爱的真谛。爱别人的同时，我们自己也获得了一份持久的爱，这是爱的双赢。爱，本身就充满着感动与温暖，爱需要真心为之加油，这样爱心才会更持久，爆发出更巨大的力量，而那些会感受到爱的人将会更多。

知识窗

瑞典：全称瑞典王国，位于北欧斯堪的纳维亚半岛的东南部，海岸线长7624千米，总面积约45万平方公里，是北欧最大的国家。瑞典由于气候寒冷，农业比重较小。工业发达而且种类繁多，瑞典拥有自己的航空业、核工业、汽车制造业、先进的军事工业，以及全球领先的电讯业和医药研究能力。在软件开发、微电子、远程通讯和光子领域，瑞典也居世界领先地位。瑞典是欧洲最大的铁矿砂出口国。瑞典是世界上拥有跨国公司最多的国家。

励志点金石

梵高说：“爱之花开放的地方，生命便能欣欣向荣。”

在生活中，我们需要珍惜爱你的人和你爱的人，这样我们才能领悟到爱的真谛，莫等到生命消逝，才开始追悔莫及。用心感受爱的真谛，相信在爱的国度里，我们会付出更多的关怀，给予他人更多的照顾，多一份坦诚，多一份沟通，以真心为爱加油。

为你支招：女孩们如何在心里种下爱的种子？

1.成为家里的小帮手

妈妈的手受伤了，无法干家务活，而且爸爸又外出了，这时候，女孩按着妈妈的吩咐自己做了稀饭，并且在饭后主动刷碗，受到了妈妈的称赞。其实，在家里一些简单的家务活是难不倒孩子的，对父母的辛苦，女孩应该主动帮

忙，成为家里的小帮手。在这个过程中，女孩可以认识到帮助了别人，自己也会感到快乐。

2.每天花时间与长辈聊天

尽管家里的爷爷奶奶、外公外婆从小照顾女孩，不过随着女孩渐渐大了，她们有时还会嫌老年人啰唆、烦，不喜欢跟他们待在一起。女孩子这样的想法是不对的，爱就是从家里出发，在平时空闲的时间需要多跟长辈聊天，这样他们就感到满足了。

3.乐于助人

不管是在家里，还是在学校，女孩都要养成乐于助人的习惯。比如帮妈妈煮饭、帮爸爸打印文件、帮爷爷倒茶；在学校里帮同学扫地、帮同学补习功课、帮老师擦黑板，等等。一旦女孩养成乐于助人的习惯，就会感受到这其中的快乐。

4.多参加公益活动

女孩平时要积极参加公益活动，比如植树、除草，同时，主动帮助邻居取牛奶、拿报纸，让自己在事情本身中感受乐趣。当然，女孩还可以去做一些有益的事情，比如照顾小妹妹，或者帮助小弟弟制作玩具，这可以培养自己主动帮助他人的品质。

好的学习习惯能让成功来得更容易些

适用写作关键词：学习　记忆

惊人的记忆力

公司准备举办一场宴会，需要把最近几年来公司的客户以及相关的人员都请来，借此机会联络一下感情，一起探讨未来的发展合作计划。可粗心大意的玛丽不知道怎么搞的，鼠标一点，一下就把联系人的电子文档覆盖了，瞬间名单和电话全没有了。这可怎么办呢？经理要求下午必须把邀请函发出去，可现在名单和联系方式全没有了，该怎么办呢？

新来的同事维茨里走了过来，安慰道："你先别急，这份文件我看过，你先把你能记住的在中午之前给我，能做到吗？"玛丽点点头，努力回忆着文件里的名单和数据。下午维茨里拿着笔记本走过来，问："玛丽，你看一看名单。"名单和数据全在电脑上，玛丽惊讶极了："这么多人，你怎么记住的？"维茨里指着自己的大脑，笑着说："靠这里记下来的，这是我们犹太人的自豪。"

玛丽很感兴趣："你们是怎么教育孩子的，怎么记忆力如此惊人呢？"维茨里笑着说："从小就背诵《圣经》，这可以培养我们的记忆力，比如我儿子现在才两岁多，就能完全背诵一整页的《圣经》内容了。"玛丽有些疑问："可是，《圣经》的内容好生涩，他能懂吗？"维茨里回答说："不用他懂，

他现在只要会背就行，慢慢地，以后他长大了就有我这样的超强记忆力了。”

玛丽不禁感叹：“犹太人真不愧是世界上最聪明的民族！”

学习就是一个不断重复的过程。天生就聪明过人的孩子毕竟是少数，只有在学习过程中不断地重复，才会加深自己对知识的记忆，也才会为孩子以后的学习打下基础。就如何重复学习，新东方的俞洪敏曾说：“每天挤出一段时间来积累和持久关心一件事情，你就会成功。世界上成功的秘诀就和背单词一样，就是一个不断重复的过程。先做专，再做宽，先做到本本精，再做到本本通，才能够成就大事了。先单词，后课文。每天写下三到五件事情，一步步做下来，安排好，我就是这样的，我就是现在的老俞了。”

知识窗

圣经：《圣经》（希伯来语：יבליהב，拉丁语：Biblia，希腊语：Ββλο，英语：Bible，俄语：библия），犹太教和基督教（包括天主教、东正教和新教）的宗教经典。犹太教的宗教经典是指圣经《旧约》部分，即《塔纳赫》（或称希伯来《圣经》），而基督宗教的《圣经》则指《旧约》和《新约》两部分。圣经是西方文化的重要源泉，也是一部包罗万象的百科全书。它是世界上发行量最大，发行时间最长，翻译成的语言最多，流行最广而读者面最大，影响最深远的一部书，并已被列入吉尼斯世界纪录大全，联合国公认《圣经》是对人类影响最大最深的一本书。

励志点金石

韩愈说：“书山有路勤为径，学海无涯苦作舟。”

重复式的学习方法是每个女孩最常用的，也是必须用的学习方法，同时也是最基本的学习方法。即便是再简单的方法也是建立在重复学习的基础之上的，没有重复的过程，知识还在书本上，不会成为自己的。而只有真正地掌握了知识本身，女孩才会体会到它深刻的含义，也才能使知识成为他们自身知识

的一部分。

为你支招：女孩如何养成好的学习习惯？

1.制订合适的学习计划

许多女孩抱怨自己太累，要看要学的东西太多了，每次面对课本都无从下手，其实造成这个现象的最大原因就是学习没有计划性。制订一个学习计划可以快速提升女孩的学习效率，让女孩在有限的时间里最大限度地完善自己的不足。比如，制订日计划和周计划，将计划与课本内容相结合，每天哪个时间段看什么课本，在多长时间内应该看完这本书，用多久的时间来复习，看到什么样的程度之后需要通过做题来检验。

2.做好课前预习

女孩在学校学习的时间是有限的，如果能养成预习的好习惯，课前把那些原本不会的学会了，掌握了新知识，并对新知识积极思考，时间久了就会养成良好的学习习惯，提高自学能力，在以后的学习生涯中，女孩就会觉得越学越会学，越学越轻松，学习成为了一种能力。

3.培养自己对弱势学科的兴趣

“兴趣是最好的老师”，有的女孩子偏科就是对该学科缺乏兴趣。对此，女孩应想办法培养自己对弱势学科的兴趣，多了解这个科目在现实生活中应用的事例，这样女孩会从心理上自觉消除厌恶感和抵触感。

4.做好复习计划

许多女孩子虽然按照计划复习了，却并没有取得良好的效果，造成这样的结果原因是多方面的。针对重要考试所制订的复习计划，时间安排肯定是很紧的，但是复习计划还需要留有一定的余地，切忌“满打满算”。比如，晚上七点到八点复习语文，八点就开始复习数学，这样安排就太紧了，在这中间应该有个缓冲时间，七点到八点是学习语文时间，八点十五分以后才复习数学，这样，复习完语文之后可以轻松一些，喝水或者休息一会，而不是“连轴转”，以免女孩身体承受不了。

第6章

好女孩做自己，准确定位找到成才方向

在生活中，每个女孩都有自己独特的一面，在这个世界上绝对是独一无二的。所以，女孩千万不要因为某方面比别人逊色就懊恼，最终失去自我。女孩希望自己能够翱翔于蓝天，那么，你是否知道自己最擅长什么呢？女孩子要找准自己的人生定位，努力做最好的自己。

给自己准确定位，展现出自己的人生价值

适用写作关键词：定位　坚持

浓雾中的方向

1952年7月4日清晨，加利福尼亚海岸还笼罩在浓雾之中，在海岸以西21英里的卡塔林纳岛上，34岁的费罗伦斯·柯德威克涉水进入了太平洋，开始向加州海岸游去，如果这次能够成功，她就会成为第一个游过这个海峡的妇女。在这之前，费罗伦斯·柯德威克是从英法两边海峡游过英吉利海峡的第一个妇女。然而，在这天清晨似乎没有想象中的顺利。海水冻得费罗伦斯·柯德威克身体发麻，由于浓雾越来越大，她几乎看不到护送自己的船，一个小时过去了，又一个小时过去了，无数的观众在电视上注视着她。对费罗伦斯·柯德威克来说，诸如此类的渡海游泳中最大的问题不是疲劳而是刺骨的水温，15个小时过去了，费罗伦斯·柯德威克被冰冷的海水冻得浑身发麻，她知道自己不能再游了，就叫人拉她上船。而柯德威克的母亲和教练就在另一条船上，他们告诉她："海岸很近了，不要放弃。"但是，罗伦斯·柯德威克朝加州海岸望去，前面是一片浓雾，什么都看不见。几十分钟以后，人们将柯德威克拉上了船，而拉她上船的地点，离加州海岸只有半英里。

当有人告诉柯德威克这个事实后，从寒冷中恢复知觉的她看起来很沮丧，她对记者说："真正令我半途而废的不是疲劳，也不是寒冷，而是因为在浓

雾中看不到方向。”在费罗伦斯·柯德威克的一生中，只有这一次没有能坚持到最后。两个月后，柯德威克再一次尝试，这次，她成功地游过了这个海峡，她不但是第一位游过卡塔琳纳海峡的女性，而且比男子的记录还快了大约两个小时。

对于柯德威克这样的游泳能手来说，还需要方向才能鼓足干劲完成她有能力完成的任务，对许多女孩而言，更需要为自己的人生确立方向。对机器而言，一个螺母假如找不到自己合适的位置，充其量不过是一个被称作螺母的废铁。

知识窗

加利福尼亚：加利福尼亚州（California）是美国西部太平洋沿岸的一个州。北接俄勒冈州，东接内华达州和亚利桑那州，南邻墨西哥，西濒太平洋。面积411013km^2，它的名称取自西班牙传说中一个小岛的名称。加州西北角有雷德伍德国家公园；东部内华达山脉西侧坡山麓地带有约塞米蒂国家公园、金斯峡谷国家公园；东南部的死谷国家纪念地、约书亚树国家保护区。

励志点金石

奥格·曼蒂诺曾这样写道：“我们的命运如同一颗麦粒，有着三种不同的道路。一颗麦粒可能被装进麻袋，堆在货架上，等着喂给家禽；有可能被磨成面粉，做成面包；还有可能撒在土壤里，让它生长，直到金黄色的麦穗上结出成百上千颗麦粒。人和一颗麦粒唯一的不同在于：麦粒无法选择是变得腐烂还是做成面包，或是种植生长。而我们有选择的自由，有行动的自由，更有心的自由。我们不该让生命腐烂，也不会让它在失败、绝望的岩石下磨碎，任人摆布。”

在生命历程里，女孩要给自己准确定位，展现出自己的人生价值。

为你支招：女孩如何定位自己的人生?

1.你的特长是什么

女孩首先应该明白自己的特长是什么？是唱歌还是跳舞？是书法还是绘画？是语文还是英语……明确了自己的特长之后，才能够准确定位自己的人生，比如有绘画特长的女孩可以朝着“画家”、“美术专业”靠拢，当然，这并非绝对的，还需要参考女孩的文化成绩。当然，女孩不能自卑地认为自己完全没有特长，只要你仔细分析，就一定能够找到自己的特长。

2.正确评价自己

不管是自卑的女孩，还是自负的女孩，都应该对自己有一个正确的评价。自卑的女孩，不能只看到自己的不足，比如成绩不好，或许你温和的个性能赢得不少同学的喜欢呢。而那些自负的女孩，不能只看到自己的优点，而忽视了自己的缺点。正确的评价往往是既有优点，又有缺点，这才是一个全面的自我认识。

3.坚信自己的价值

女孩要学会善待自己，在考试考砸时鼓励自己，在学业上升时勉励自己。或许，在生活和学习的过程中，总会遭遇无法避免的挫折与困难。不过，不管女孩受到什么样的打击，即便女孩正在经历着痛苦、挫折，那也不应该忽视了自己的价值，不要觉得自己一无是处，也不要骄傲自大。以一份崇高的使命感，展现出自己的人生价值。

做自己，因为你是独一无二的

适用写作关键词：自信　独特

凯丝的龅牙

凯丝·戴丽（Cass Daley）是一位电车车长的女儿，她从小就喜欢唱歌和表演，她梦想着自己能够成为一名当红的好莱坞明星。然而，凯丝长得并不算漂亮，她的嘴看起来很大，而且还有讨厌的龅牙。每次公开演唱，她都试图把上嘴唇拉下来盖住自己的牙齿，并开始模仿好莱坞的当红明星。

有一次，她在新泽西州的一家夜总会演出，为了表演得更加完美，她在唱歌时努力拉下自己的上嘴唇来盖住那讨厌的龅牙，但是，结果却令自己出尽洋相，这真是一次失败的演出。凯丝看起来伤心极了，她觉得自己注定了要失败，她打算放弃自己最初的梦想。

正在这时，同在夜总会听歌的一位客人却认为凯丝很有天分，他告诉凯丝："我跟你说，我一直在看你的演唱，我知道你模仿的目的是想掩盖什么，你觉得你的牙齿长得很难看。"凯丝低下了头，觉得无地自容，可是，那个人继续说道："难道说长了龅牙就是罪大恶极吗？不要想去掩盖，张开你的嘴巴，观众看到你自己都不在乎，他们就会喜欢你的。再说，那些你想掩盖住的牙齿，说不定能给你带来好运呢。"凯丝接受了男士的建议，努力让自己不再去注意牙齿。

从那时候开始，凯丝只要想到台下的观众，她就张大了嘴巴，热情地歌唱，最后，她成为了好莱坞的当红明星，现在许多喜剧演员都想要模仿凯丝的龅牙。

玛丽·玛格丽特·麦克布莱德也有相同的经历，当她初次上电台时，尝试着模仿一位爱尔兰演员，不过却没有成功。直到她后来回归自我，恢复到了一个来自密苏里州的乡村姑娘形象，最后慢慢地发展成为纽约州最受欢迎的广播明星。

知识窗

好莱坞（Hollywood），本是一个地名，港译“荷里活”，是美国加州洛杉矶的一个地名，由于美国许多著名电影公司设立于此，故经常被与美国电影和影星联系起来，而“好莱坞”一词往往直接用来指南加州的电影工业，是世界闻名的电影城。好莱坞不仅是全球时尚的发源地，也是全球音乐电影产业的中心地带，拥有着世界顶级的娱乐产业和奢侈品牌，引领并代表着全球时尚的最高水平，比如梦工厂、迪士尼、20世纪福克斯、哥伦比亚影业公司、索尼公司、环球影片公司、WB（华纳兄弟）派拉蒙等等这些电影巨头。

励志点金石

爱默生（Emerson）曾在自己文章《论自助》中写道：“一个人总有一天会意识到嫉妒是没有用的，而模仿等同于自杀。因为不管好坏，人只有凭借自己才能做得更好。因为只有在自己的田里耕种，才能获得营养的玉米。上次赐予我们的能力是独一无二的，与众不同的，只有当你亲自努力尝试运用，你才会看明白这份能力到底是什么。”

为你支招：女孩如何做独特的自己？

1.选择适合的服装

莎士比亚曾说：“如果我们沉默不语，衣裳和体态会泄露过去的经历。”喜欢打扮的女孩子们，你们知道吗？如果你的打扮让人对你的身份产生不好的联想，那说明你的装扮很不合时宜。无论你是追求个性，还是追赶潮流，最好还是选择符合自身年龄、身份的装束，这样你才会更加美丽。

2.找回自信

如果女孩子特别在意自己的外表，其实那是女孩不自信的表现，她通过穿着奇装异服来证明自己与众不同。对这样的情况，女孩应该努力找回自信，重新建立自信。因为一个真正自信的人是不需要刻意来证明自己的，更不会通过奇异的发型服饰来引起别人的注意的。

3. 正确看待“时尚与美丽”

青春期女孩子经常是跟着时尚走，社会流行什么，她就模仿什么。对盲目追逐时尚潮流的现象，女孩应该保持警惕心理，时尚其实就像浪潮，或许，你认为现在流行的是美的，但是，过不了多久，它就被淹没在大海里，因为新的浪潮又打过来了，而你追逐时尚的过程，其实就是一个永远没有办法停下来的过程。而且，真正的时尚来自于心里，而不是外在表现，就算你打扮再时尚，但你其实还是一个学生。

4.明白“崇拜”“偶像”的真实含义

许多女孩子喜欢明星的理由竟然是“长得漂亮”“帅气”“歌唱得好”“打扮够时尚”，在这样一些肤浅的理由下，她们就轻易地将明星当成了偶像来崇拜。女孩需要明白，“偶像值得崇拜的原因在于他为社会、为人类、为世界作出了杰出的贡献，在他身上有值得我们欣赏的高贵品质，或许，他们身上并没有什么耀眼的光环，他们就跟你们一样，只是一个普通人，但是，他们的一生不平凡……”

放下过去，自信面对未来生活

适用写作关键词：坚韧　自信

三毛的童年

三毛是我国著名的作家，她小时候是一个非常勇敢而又聪明活泼的女孩，在12岁那年，以优异的成绩考取了台北最好的女子中学——台北省立第一女子中学。在初一时，三毛的学习成绩不错，到了初二，数学成绩一直滑坡，几次小考中最高分才得50分。三毛心里很自卑。

但聪明而又好强的三毛发现了一个考高分的窍门。她发现每次老师出小考题，都是从课本后面的习题中选出来的。于是三毛每次临考都背后面的习题。因为三毛记忆力好，所以她能将那些习题背得滚瓜烂熟。这样，一连六次小考，三毛都得了100分。老师对此很怀疑，决定要单独测试一下三毛。

一天，老师将三毛叫进办公室，将一张准备好的数学卷子交给三毛，限她10分钟内完成。由于题目难度很大，三毛得了零分。老师对她很是不满。接着，老师在全班同学面前羞辱了三毛。他拿起蘸着饱饱墨汁的毛笔。叫三毛立正，非常恶毒地说："你爱吃鸭蛋，老师给你两个大鸭蛋。"他用毛笔在三毛眼眶四周涂了两个大圆圈。因为墨汁太多，它们流下来，顺着三毛紧紧抿住的嘴唇，渗到她的嘴巴里。老师又让三毛转过身去面对全班同学，全班同学哄笑不止。然而老师并没有就此罢手，他又命令三毛到教室外面，在大楼的走廊里

走一圈再回来，三毛不敢违背，只有一步一步艰难地将漫长的走廊走完。

这件事情使三毛丢了丑，她也没有及时调整过来，于是开始逃学，当父母鼓励她要正视现实，鼓起勇气再去学校时，她坚决地说“不”，并且自此开始休学在家。

休学在家的日子里，三毛仍然不能从这件事的阴影中走出来，当家里人一起吃饭时，姐姐弟弟不免要说些学校的事，这令她极其痛苦，以后连吃饭都躲在自己的小屋，不肯出来见人了，就这样，三毛患上了少年自闭症，渐渐产生了自卑的心理。

少年时期的这段经历影响了三毛的一生，在她成长的过程中，甚至是在她长大成人之后，她的性格始终以脆弱、偏颇、执拗、情绪化为主导。这样的性格对于她的作家职业可能没有太多的负面影响，但这严重影响了她人生的幸福。

知识窗

三毛：原名陈懋平（后改名为陈平），中国现代作家，1943年出生于重庆，1948年随父母迁居台湾。1991年1月4日在医院去世，年仅48岁。三毛的作品具有浓郁的抒情色彩。无论是小说还是散文，她的文字里总是流露着女性的柔美和细腻。她在文章中对人物和景物进行了大量的白描。她总是写原生态的自然本色，不加以任何人为的雕琢。三毛刻画的人物也是通过对人物的外貌和语言进行白描来再现真实的人物形象的。三毛从生活的实际出发，表现出人物多方面矛盾统一的性格，而给人留下了深刻的印象。

励志点金石

歌德曾说：“唯一的命运不要想得太复杂，生存是义务，哪怕只有一刹那。”

每个人都应当谨记：昨天就像使用过的支票，明天则像还没有发行的债

券，只有今天是现金，可以马上使用。今天是我们轻易就可以拥有的财富，无度挥霍和无端错过，都是一种对生命的浪费。

为你支招：女孩如何战胜过去的失败?

1.自我肯定与鼓励

当女孩遇到挫折困难的时候，可以进行自我肯定与鼓励，也可以向父母寻求安慰和必要的帮助，以至于让自己不感到孤独。女孩不要给予自己消极的暗示“我真是太笨了，这么简单的事情都做不好”，这些反而会强化自己的自卑与挫败感，下次在挫折与困难面前，就没有信心去面对了。

2.正确对待挫折

女孩对周围的人和事物的态度往往是不稳定的，容易受情绪等因素的影响。因而，在遇到困难与挫折的时候，也往往会产生消极情绪，不能正确地来面对挫折。这时候，女孩需要谨记“失败并不可怕，只要勇敢向前，一定能做好的”，把失败当作一次尝试的机会，重新鼓起勇气再次尝试。

3.给自己适当的压力

女孩要给自己适当的压力，有些事情自己学会去处理，让自己适应经历挫折，从挫折中找到解决的办法。如果女孩面临压力，可以向父母寻求帮助，不过千万不能将所有事情都推给父母，好像压力与自己无关。假如女孩觉得自己是世界上最好的，无往不胜的，无法承受批评和失败，不能接受批评、不能承受压力，那她在未来的生活中必定是充满着痛苦的，甚至有可能被压力所吞噬。

设定清晰目标，你已经成功了一半

适用写作关键词：目标　坚持

做最好的自己

叶乔波在10岁的时候就踏上了滑冰场，她是个追求完美的女孩子。当初那严酷的训练也让年幼的她疲于奔命，但为了踏上滑冰场，完成心中的梦想，她咬着牙坚持了下来。18岁那年，她的头椎受伤了，在北京、沈阳几家大医院诊断，都被告知了相同的结论：如果再继续练滑冰，将有瘫痪的危险。于是，摆在她面前的是继续与放弃这两个艰难的选择，但生性乐观、不服输的叶乔波选择了前者。

1988年，本来已经进驻冬奥会选手村三天的叶乔波突然被国际滑联取消参赛资格，并被罚停赛15个月，理由是她所服的中药里含有禁药成分。即将踏上自己的人生舞台，却被告知取消了资格，这次的打击无疑是十分沉重的。23岁的她似乎承受不起，因为自己已经没有多少运动生涯了。

面对这样的结果，叶乔波一度丧失了希望，但她还是抱着积极乐观的心态来看待这一些。辛苦训练四年之后，她又一次站在了冬季奥运会上，准备充分的她以一连串令人震惊的成绩，让世人刮目相看。这时候她已经28岁了，困扰着她的依然是艰难的去留选择，她考虑了很久，最终以超人的毅力留了下来，并为自己设定了更高的目标，超越荣誉的决心使她战胜了病痛。

在一次又一次的比赛中，她用自己的身体演绎了完美的神话。即使受着病痛的折磨，她依然展现出最迷人的风采，用不断的奋斗来充实自己的人生。

孟子说：“天将降大任于斯人也，必先苦其心志，劳其筋骨，饿其体肤，空乏其身，行拂乱其所为，所以动心忍性，曾益其所不能。”即使周围的环境太艰苦，或者自身所受的折磨太痛楚，但如果你像叶乔波一样明确目标，给自己定位，就一定能拥抱成功。反之，如果你从来没有清晰的目标，不仅对成功没有半点促进作用，而且还会阻碍自己前进的脚步。

知识窗

滑冰（skating），亦称“冰嬉”，很多人认为，滑冰是从外国传来的“洋玩意”，事实上，早在宋代，我国就已经有了滑冰运动，不过，那时不叫滑冰，而称之为“冰嬉”。“冰嬉”包括速度滑冰、花样滑冰以及冰上杂技等多种项目。

励志点金石

歌德曾说：“每走一步都走向一个终于要达到的目标，这并不够，应该每下就是一个目标，每一步都自有价值。”

一个人无论他现在多大的年龄，其真正的人生之旅，是从设定目标那一天开始的，之前的日子，只不过是在绕圈子而已。要想获得成功，我们就必须拥有一个清晰而明确的目标，目标是催人奋进的动力。如果你缺失了目标，即使每天你不停地奔波劳碌，却还是无法获得成功，而成功者之所以能轻松地走到成功，那是因为他们的目标明确。

为你支招：女孩如何明确目标给自己定位？

1.与自身的资源相结合

女孩在设定目标时必须充分考虑自身的资源，有些女孩动不动就拿“别人”的标准来衡量自己，结果你还是你，我还是我，你永远也无法达到别人的标准。这样，女孩就容易陷入自卑的沼泽，就会消极地看待自己。

2.设定具体而明确的目标

女孩设定目标必须具体而明确，有的女孩设定目标“我要……”这样往往是比较笼统的。曾经有位教授做了这样一个实验：让两组实力相同的人练跳高，一组跳杆上没有高度，而教授只是说：“好好练习，你们可以跳得更高。”而另一组跳杆上标着高度，要求这些人跳到1.6米、1.7米……就这样一步步地跨越。最后的结果显示，第二组的成绩远远比第一组更优秀。所以，女孩应该明白，目标要具体而明确。

3.目标要兼有难度与梯度

太难和太容易的事情都不具有挑战性，也不会激发出女孩的热情。太高的目标会挫伤女孩的积极性，反而起到消极的作用；太低的目标，则不具有激励价值。对于难度比较大的事情，女孩不妨分段设定目标，这样就不会给自己太大的压力。目标应有梯度，将目标细化，使其变成长、中、短期，甚至月、周、天，这样就可以一步步攀登。

4.目标可以适时调节

女孩所设定的目标可以适时调节，并非朝令夕改，而是对实现目标过程中出现的新问题、新现象进行及时反馈。任何目标的达成，都需要一个过程。许多女孩的毛病不是出在不设定自己的目标，而是对目标的达成缺乏充足的认识。缺乏做足够的努力去实现目标，女孩只希望立竿见影，或者最好是不费力气就可以坐享其成，结果往往无法实现目标。

女孩，别让“短板”成为你前进路上的障碍

适用写作关键词：扬长避短　放弃

扬长避短，做自己擅长的事情

伊辛巴耶娃，世界上第一个，也是唯一一个越过5米的俄罗斯女子撑杆跳运动员。众所周知，在撑杆跳这项运动中，伊辛巴耶娃确实是非常成功的。但是，谁能想到，她最初的梦想根本不是撑杆跳，她那时候最喜欢的是体操。

伊辛巴耶娃从小就对体操情有独钟，她梦想着自己有一天能成为世界体操冠军。为了实现自己的目标，她没日没夜地练习，不管是寒冷的冬天还是炎热的酷暑，伊辛巴耶娃对练习体操不敢有一丝的懈怠。遗憾的是，随着年龄的增长，伊辛巴耶娃个子越长越高。对于一个体操运动员而言，高挑的身材反而是一种缺陷。比如，其他运动员能够翻四个跟头，伊辛巴耶娃却因为个子太高只能翻两个半。显而易见，伊辛巴耶娃1.74米的身高在体操队中没有任何竞争优势。

这该怎么办？如果继续在体操这条路坚持下去，最终只会碌碌无为，甚至有可能越来越处于劣势。于是，伊辛巴耶娃经过客观的分析、权衡，果断地告别了体操队，不过她依旧没有放弃自己曾经的梦想——成为世界冠军。她想到自己个子高，于是，又将梦想寄托在能够充分发挥自己身高优势的撑杆跳运动上。

经过不懈的努力，终于，伊辛巴耶娃在撑杆跳运动中赢得了举世瞩目的成

就。她在24岁时就成为了历史上最出色的女子撑杆跳运动员，曾十多次打破世界纪录，拥有5项重要赛事的冠军头衔：奥运会，世界室内、室外锦标赛，欧洲室内、室外锦标赛。

富兰克林曾说：“宝贝放错了地方就成了废物。”女孩别站错了位置，学会经营自己擅长的项目，能够让自己的人生增值，而经营自己的短板，只会让自己的人生贬值。伊辛巴耶娃无疑是聪明的，她放弃了自己喜欢但不能发挥自己优势的体操运动，转而选择更具优势的撑竿跳运动，从而成就了自己的世界冠军梦想。所以，女孩们别把时间浪费在难以弥补的缺点上面，不要再让所谓的“短板”阻碍自己的成功之路。

知识窗

撑竿跳高（pole vault ）是田径运动项目的一种。运动员借助竿子支撑和弹力，以悬垂、摆体和举腿、引体等竿上动作使身体越过一定高度。撑竿跳高是一项技术复杂的田径运动项目。比赛时，运动员必须将撑竿插在插斗内起跳；起跳离地后，握在撑竿上方的手不得向上移动或将原来握在下方的手移至上方的手以上；可以在规定的任一起跳高度上试跳，但每一高度只有3次试跳机会。

励志点金石

德国钢铁大王奥古斯特·泰森说：“我之所以成功，不是因为我最努力，而是因为我只做自己最擅长的事情。”

人生是一个选择的过程，每个人都能够选择做自己喜欢的事情。但是，这个世界上没有谁是完美的，也没有谁是无所无能的。事实上，每个人都有自己擅长的事情，也有自己不擅长的领域。女孩应该站对位置，你可以选择自己不擅长的事情，不过假如想要赢得成功，就应该做自己最擅长且最适合自己的事情，这样才更容易获得成功。

为你支招：女孩如何站对位置？

1.客观认识自己

女孩要想踏上成功之路，首先就必须客观地认识自己，对自己做出正确的评价，包括擅长的科目、感兴趣的科目、不擅长的学科，等等。女孩不能只看到自己的优势，结果盲目乐观、自大；也不能只看到自己的缺点，结果消极、悲观。女孩应从客观的角度对自己进行分析，明确自己的优势和缺点。

2.扬长避短

女孩子应该明白，每个人或多或少都会在某方面存在一定的缺陷，即便取得伟大成功的人也不例外。比如拿破仑个子非常矮小，罗斯福有小儿麻痹，等等。尽管那些后天如何努力都没办法改变的缺陷令人非常痛苦，不过，假如你懂得扬长避短，就会赢得辉煌的成就。

3.平衡兴趣与优势

有的女孩根本不擅长绘画，不过她却喜欢画画，结果学了几年，还是学不好。这是为什么呢？当这个女孩将自己所有的精力和时间都用来画画的时候，她根本无暇顾及发挥自己的优势，比如擅长写作。所以，女孩应该平衡一下自己的兴趣与优势，你可以选择喜欢的东西，不过却离成功太远；反之，假如你学会管理缺点、短处，加强自己的优势、长处，在自己不擅长的事情上懂得适可而止，将更多的时间和精力放在自己擅长的事情上面，那就会获得更多的自信、快乐，也更容易获得成功。

第7章

好女孩会学习，知识是别人抢不走的资产

犹太人认为，财富随时都可能被抢走，但是知识就不一样了，只有知识才是自己随身携带的，但又不会被人抢走的宝贵资产。在他们看来，每个女孩都应该接受教育，学习知识。这主要是由于那些愚笨的人在接受了教育之后，才不会变得更愚蠢；聪明的人在接受了教育之后，就可以更好地发挥他们的能力；外表美丽的人在接受了教育之后，才会拥有更真实的内在；有权力的人在接受了教育之后，才会更好地利用智慧来运用权力。

知识可以让女孩更出色

适用写作关键词：知识　文化

才女李清照

大明湖畔，一个风姿绰约的身影，风华绝代的她是词海里绝美的记忆，清香悠远，令人回味无穷，她就是旷世才女李清照。

李清照是中国古代才女，她代表了一代婉约派词宗的高度，受到世人的敬仰。她本是纤纤弱女子，却轻轻地拨动了文化的厚度与深度，谱出一曲曲不朽之作。她拈花微笑，她醉人心魄，只为了灵性而诗意的婉约宋词。出生书香门第之家的李清照，并没有做一个易碎的陶瓷娃娃。她从小耳濡目染，饱读诗书，出落成一个柔情似水的才女，16岁便写出名篇《如梦令》。她以独特的女性视角展现了真实的自我，形成了婉约而不媚俗的词风。

她的一生经历了国破，家亡，夫死，这一切并不是一个弱女子能承受下来的。独自一个人颠沛流离，却深切关心着国家的命运，唱出了“生当作人杰，死亦为鬼雄”的慷慨壮歌，痛斥朝廷的懦弱昏庸，体现了其政治主张与爱国情怀；在士大夫提倡封建礼教的时候，她却毅然挣脱了礼教的枷锁，追求自己的幸福：“九万里风鹏正举。风休住，篷舟吹取三山去”，深深地透露出她的刚强。

李清照是一个有思想的女性，她是在延续几千年的男权封建社会里开出的

一朵绚烂的花，是文化神殿里的一个清丽脱俗的女子。

在封建社会里处处沾满着污浊之气，但李清照却是“出淤泥而不染”，婉约而不媚俗的宋词风格，使得多少男人也为之汗颜。她是一位有知识的女人，不畏封建礼教，毅然挣脱了沉重的枷锁，追求属于自己的幸福。

事实上，知识对女孩的一生是非常有益的。犹太人注重知识，因此他们也十分重视对孩子的教育。在美国的犹太人中有84%的人念过高中，有32%的成年人受过高等教育。而且相关数据显示：犹太人平均接受过14年的学校教育，而非犹太人的白人平均只受过11.5年的教育。一位分析家这样说道：“在犹太人家庭里，学问受到高度评价，在这方面，非犹太人的家庭则相形见绌，这个因素构成了其他一切差异的基础。”

知识窗

《如梦令·常记溪亭日暮》，作者李清照，这是一首忆昔词。寥寥数语，似乎是随意而出，却又惜墨如金，句句含有深意。开头两句，写沉醉兴奋之情。接着写“兴尽”归家，又“误入”荷塘深处，别有天地，更令人流连。最后一句，纯洁天真，言尽而意不尽。这首《如梦令》以李清照特有的方式表达了她早期生活的情趣和心境，境界优美怡人，以尺幅之短给人以足够的美的享受。

励志点金石

高尔基说：“只有知识才是力量，只有知识能使我们诚实地爱人，尊重人的劳动，由衷地赞赏无间断的伟人劳动的美好成果；只有知识才能使我们成为具有坚强精神、诚实的、有理性的人。”

金钱是可以被带走、被剥夺的，只有知识才是一旦拥有就不会流失的东西。女孩子应该明白：没有人是贫穷的，除非他没有知识。

为你支招：你知道知识的重要性吗？

1.知识有着不可替代的价值

知识的价值简直超乎人的想象。知识使人严谨，严谨使人热情，热情使人洁净，洁净使人神圣，神圣使人谦卑，谦卑使人恐惧罪恶，恐惧罪恶使人圣洁，圣洁使人拥有神圣的灵魂，神圣的灵魂使人永生。当女孩知道了知识的崇高价值，自然会主动学习知识。

2.知识就是财富

女孩应该尊重知识，追求真理，因为知识就是最伟大的，在知识的面前，世俗的一切统治者都要让位。女孩子需要明白：知识是一切财富的来源，是唯一可以永久打开财富之门的金钥匙。知识的价值在犹太人的历史中展现得淋漓尽致，与其追寻有限的财富，还不如学会一把永远打开财富之门的金钥匙——知识。

3.“百无一用是书生”

所谓“百无一用是书生”指的是那些读死书、死读书，而且把这种书本知识当作全部的“书生”。女孩对这句话不要持有异议，孔子在《论语》里说：“学而不思则罔，思而不学则殆。”假如女孩只知道学习，却不知道思考，到头来等于白学；假如女孩只知道思考却不去学习，那也是不行的。

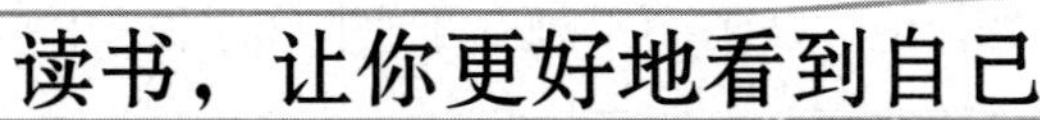

读书，让你更好地看到自己

适用写作关键字：知识　坚持

用知识改变命运

冰心是当代文坛巨匠，她亦是有着知性美的女作家。她喜欢天真烂漫的小孩子，所以她几乎花了一生的时间来给孩子们讲了无数个平凡而美丽的故事。

她认字后不到几年就开始读书，不断地接触各种各样的知识。7岁时就开始读“话说天下大势，分久必合，合久必分……”的《三国演义》，12岁开始初涉《红楼梦》，她的一生都在孜孜不倦地进行阅读，阅读了大量的中外文艺作品，这为她后来成为当代文坛巨匠奠定了基础。冰心有一句响亮的话：“我永远感到读书是我生命中最大的快乐！”她从读书里学到了做人处世的道理。

1986年，她从日本访问回国后因为腿受伤了，就闭门不出，把“读万卷书”作为自己唯一的消遣，她几乎每天都会阅读很多的书刊，书读多了，她就会比较，有选择性地读书，这让她倾向于阅读那些真情实感、质朴的文章。有一年六一国际儿童节，一家儿童刊物要求冰心给儿童写几句指导读书的话，她只写了九个字“读书好，好读书，读好书”。

无疑，读书是拥抱知识的最佳途径。直到今天，冰心那“读书好，好读书，读好书”的名言，依然鞭策着许多寻找知识的人奋力前进。古人说得好：“腹有诗书气自华”。一个坐拥书城的女孩，即使是再普通的衣着，也难以掩盖那浑身流溢的书卷味，这是因为，知识代替了她们华丽的时装和昂贵的化妆品。

听说过犹太人的故事吗？据说，犹太人父母会在他们孩子出生时就在书本上滴上蜂蜜，让孩子吃，希望以此告诉孩子：读书就跟吃蜂蜜一样甜。所以，犹太人很喜欢读书，他们从书中学到了丰富的知识。因为拥有了知识，犹太民族被世界公认为“最有创造力的民族”。

知识窗

冰心（1900年10月5日－1999年2月28日），原名谢婉莹，福建长乐人。中国诗人，现代作家，翻译家，儿童文学作家，散文家，社会活动家。笔名“冰心”取自“一片冰心在玉壶”。1999年2月28日21时12分冰心在北京医院逝世，享年99岁，被称为“世纪老人”。冰心在刻画人物形象时，大多不用浓墨重彩，也较少精雕细刻，只用素描的笔法，淡淡数笔，人物形象就仿佛那出水的芙蓉，鲜灵灵地浮现在水面上。

励志点金石

屠格涅夫说：“知识比任何东西能给人以自由。”

从古至今，屹立于世间最璀璨、最明亮的那颗明珠就是“知识”。人生须臾，在这个知识创造价值的竞争年代，对于女孩来说，拥有了知识才华才能“海阔凭鱼跃，天空任鸟飞”。现在的社会竞争日益激烈，学习的真谛是为了提高自身的素质和能力，是不断解放自我，提高改造自我能力的过程。所以，当女孩还在迷惑为什么而学习的时候，应该及时地转换自己的观点，认清学习的真实目的。

为你支招：女孩为什么而读书?

1.学习是为了完善自我

事实上，学习的最终目的不是为了金钱，也不是为了文凭，很大程度上是为了完善自我，丰富心灵，充实自己的生活，妆点自己的人生。学习，并不是单纯的学习，你可以通过学习学到很多做人的道理，怎么说话、怎么与人交际、怎么取得成功、怎么解决问题。在学习的过程中，你的智力得到了挖掘，你的大脑得到了开发；在学习的过程中，你不断地变得聪明，变得智力超群；在学习的过程中，你还能感受到学习带来的愉悦享受，精神上莫大的满足。

所以，女孩，当你在进入青春期这一黄金学习时期，关键就是要认清学习的目的，这样才有利于你端正自己的学习态度。

2.学习可以使自己获得荣誉感

周总理在小时候就大声说出了自己为何学习，那就是“为中华之崛起而读书”。现在我们生活在和平时代，也许这样的使命感、责任感没有那么强烈，但是，当你亲自观看了28届奥运健儿在雅典奥运会上获得金牌的过程就明白了。这样的使命感、责任感、民族荣誉感一直都在，当运动健儿经过了艰辛的训练获得了成功，当五星红旗在雅典奥运会赛场冉冉升起，这一时刻，每一个中国人都会感到由衷的骄傲、自豪。

那么，当女孩在学习上取得了荣誉，为班级、为学校，甚至为国家争得荣誉的时候，相信你的感觉是一样的，这就是为什么周总理的那句“为中华之崛起而读书”一直激励着你们。

3.不要以功利为目的去学习

如果女孩以功利为目的去学习，是学不到真本领的，而且这样学习也是不稳定的，当你发现这方面的学习不能为你谋取经济利益时，就会转向其他方面。甚至到某些时候，只要能挣到钱，不管这样的学习适不适合自己，都硬着头皮学习，结果只会事倍功半。

不要轻易否定自己读书的能力

适用写作关键词：自信　坚强

别轻易否定自己，认为自己不会读书

罗斯福小时候是一个非常脆弱和胆小的学生，在学校课堂里总显露出一副惊恐的表情。有一次，老师让他在课堂上背诵一篇课文，他从座位上站起来，呼吸就好像喘气一样，双腿发抖，嘴唇也颤动不已，背诵起来含含糊糊，吞吞吐吐，最后只好在同学们的哄笑中沮丧地坐下。因为牙齿的暴露，罗斯福没有一张英俊的面孔，同学们也因此嘲笑他，说他的牙齿都可以用来挖地瓜了。

小罗斯福变得很敏感，他一般不会参加同学间的任何活动，不喜欢交朋友，成为一个只知自怜的人。但是，罗斯福虽然有这方面的缺陷，却从来不轻易否定自己读书的能力。事实上，缺陷促使他更加努力奋斗，他没有因为别人对他的嘲笑而失去勇气，他喘气的习惯变成了一种坚定的嘶声，他咬紧牙关使嘴唇不颤动，从而克服了恐惧心理。

后来，通过演讲，罗斯福学会了如何利用一种假声，掩饰他那无人不知的龅牙。他裹着毯子、坐着轮椅进行“炉边谈话”的样子，令大家再也想不起来他以前那打桩工人般的姿态。尽管他的演讲并没有什么惊人之处，但他不因自己的声音和姿态而沮丧、失败。他没有洪亮的声音或是威严的姿态，他也不像有些人那样具有惊人的语言，但是在当时他却是人们眼中最出色、最有力量的

演说家之一。

罗斯福在面对自己缺陷的时候，并没有退缩和消沉，没有轻易地否定自己，而是更加坚强地学习。在意识到自我缺陷的同时，在困境中抗争，不因缺憾而气馁，甚至将它加以利用，变为资本，变为扶梯，最后登上名誉的巅峰。而对于女孩来说，不管自己天资愚笨还是聪慧，都不要因一时的学习失意而否定自己，努力向前，我们绝对是最闪亮的那颗星星。

知识窗

富兰克林·德拉诺·罗斯福（Franklin D.Roosevelt，1882年1月30日—1945年4月12日），美国第32任总统，美国历史上唯一连任超过两届（连任四届，病逝于第四届任期中）的总统，美国迄今为止在任时间最长的总统。在1930年代经济大萧条期间，罗斯福推行新政以提供失业救济与复苏经济，并成立众多机构来改革经济和银行体系，从经济危机的深渊中挽救了美国，他所发起的一些计划仍在国家的商贸中扮演重要角色。罗斯福曾促成了政党重组，他与其妻埃莉诺·罗斯福至今仍是美国现代自由主义的典范。

励志点金石

爱默生曾说：“坚信自己的思想，相信自己心里认准的东西也一定适合于他人，这就是天才。”

每个人都是一座独一无二的宝藏。在现实生活中也是这样，在任何时候，女孩都不要轻易否定自己学习的能力。假如只是一次测验考砸了，不要灰心，总结好经验与教训，下次定能考出好成绩。假如你仅仅以一次的分数就判定自己不是读书的料，那无疑是给未来的自己下了一张死刑判决书。所以，相信自己，只要我们勤学，就一定能补拙，就一定能获得优异的成绩。

为你支招：遇到偏科问题怎么办?

1.避免消极心理暗示

许多女孩子在偏科时，总忍不住说：“啊，英语确实太难了”“为什么英语总是与我作对呢”，如此，就会给自己偏科的心理暗示。尽管这只是一种抱怨，但说的时间久了，女孩子会发现学英语真的很困难。而且，当女孩子在抱怨英语难学的同时，她就对英语产生了拒绝的意愿，即看到英语就头疼。

2.培养对弱势学科的兴趣

“兴趣是最好的老师”，有的女孩子偏科就是对该学科缺乏兴趣。对此，女孩子应想办法培养自己对弱势学科的兴趣，多看看这个科目在现实生活中应用的事例，让自己从心理上自觉消除厌恶感和抵触感。

3.向老师求助

另外，女孩子可以找偏弱学科的老师细细谈一次，从中得到老师的鼓励。或许老师会说：“其实你学英语挺有天赋的，因为你的记忆力很好。”在老师和父母的细心照顾下，一定会收到“春雨润物细无声”的效果。

合理的学习计划让你离目标越来越近

适用写作关键词：有序　行动

高考状元学习有妙招

张凌童，2005年甘肃省文科状元，毕业于庆阳陇东中学，平时最大的爱好是看电视，打乒乓球。当得知自己摘取了甘肃省文科高考状元桂冠时，张家小院传出了一片欢呼声："真没想到自己竟然成为了今年的文科状元！"年仅19岁的张凌童开心地说。张凌童认为，学习没有什么技巧和捷径，主要还是勤奋踏实，尤其是制订有效的学习计划。在高中三年之内，她每天都坚持制订学习计划，而且不管遇到什么特殊情况，都要坚持完成每日给自己制订的学习任务。

说到自己的学习计划，她说："确定每日、每周、每月的安排，坚定制订，必有成效。我在高三时的时间安排紧中有松，每天早晨7点到教室，先是做半个小时的英语练习，然后开始上课；中午回家吃饭后休息半个小时，这时我会躺在自己的小床或沙发上；1点20分到2点50分，我会去学校教室进行学习；下午和晚上按照学校的课程安排学习。当然，在课间休息的时候，我都是离开座位到教室外面的走廊走动一下。中午在教室进行学习的时候，我还时而看看报纸和杂志，这样可以放松大脑，还可以为作文积累素材。而且，在一周之内，我还会为自己安排一个放松的时间，比如周六或周日上午，完全抛开学

习，好好放松身心。”

良好的学习计划当然是实现学习目标的蓝图，每个女孩都应该有自己的学习目标，而这个目标的实现就是需要脚踏实地、有步骤、有计划地完成。那么，这样一来时间和任务一结合，计划就由此诞生了。为了实现学习目的，制订计划就去努力实现它，就可以使自己离目标越来越近。学生们在学习中有了计划，就会把自己的行为置于计划之中，这样就有了明确的目的。

知识窗

“高考状元”一般指中国大陆地区“全国普通高等学校招生全国统一考试”中各省市、自治区和直辖市的高考成绩第一名。按照高考分数是否加分分为“裸分状元”与“加分状元”。按照高考分科分为“文科状元”与“理科状元”。另外还有“复读状元”。长期以来，高考状元作为中国各地区高考的第一名，因其特有的商业价值和教育影响赢得了全社会的强烈关注，高考状元的光环映射着状元情结和状元文化，牵动着中国全体考生、高校、中学、老师、家长、商家、媒体乃至全社会的眼球，成为高考赛场上万人瞩目的焦点。

励志点金石

陈安之说：“订目标，做计划，大量的行动。”

制订有效的学习计划，有助于女孩们养成良好的学习习惯。按照科学的学习计划行事，可以让自己的学习生活节奏分明，一旦形成了就会有相应的条件反射。在学习时就能安心学习，在活动时就会自觉去参加活动，这些都成为了自觉性的行动，时间长了，就会养成了良好的学习习惯。

为你支招，如何制订合适的学习计划？

1.合理安排哪个时间段该做什么事情

举个例子，某同学每天学两个小时的数学，这对他而言是合适的学习时间。但在一次考试中，数学成绩开始出现下滑的现象，那么他会从现在开始每天用三个小时来学习数学吗？当然不是，因为他不可能长时间保持每天三个小时学数学不感到厌倦，一旦自己对学习感到厌烦了，学习成绩就会下降。女孩子应坚持计划，即保持过去适合自己的学习时间不动摇，一次的考试成绩并不能否定你之前制订的有效学习计划，只有每天按照自己制订的计划坚持下去，才会达成自己的目的。

2.短期和长期计划相结合

女孩子在开始任何学习之前，需要制订一个周密的学习计划，短时间的，比如3个小时自习时间，然后分成若干个时间段，每段时间做哪个科目；长时间的，比如看课外读本计划，半个月的时间看完一本书，每天看几页，一天中的哪个时间段适合看书，这些都需要写在学习计划里。

3.早晚预习和检查自己的学习计划

每天早上醒来，女孩子可以躺在床上闭着眼睛，想想这一天有哪些事情要做，哪些章节要看，哪些习题要写。把这一天的时间都计划好，然后按照自己的计划去严格执行。晚上睡前检查一下，今天的计划是不是都完成了，完成的结果是不是让自己都很满意，就这样，每一天、每一周、每一个月，早晚都要预习和检查自己的学习计划，才能切实地提高自己的学习效率。

4.争做时间的“小主人”

同样是一天，不同的人会有不同的效率。比如，有的孩子善于科学地安排自己的学习时间，学习和生活井井有条，所显示的效果也很好；有的孩子却相反，整天瞎忙一团，学习和生活毫无规律可言。对此，女孩子要清楚自己一周之内需要做的事情，然后制定一张日作息时间表，在表上填一下非花不可的时间，比如吃饭、睡觉、上课、娱乐等。然后选定合适且固定的时间用来学习，留出足够多的时间来完成老师布置的阅读和作业。

女孩，相信自己，你一定可以

适用写作关键词：自信　坚持

对自己说：“我一定行！”

安东尼·拉马纳出生于意大利西西里岛的一个小村庄里，家里有十个兄弟姐妹。他不到12岁就到采石场干活了。安东尼不甘心自己的命运如此，于是常常会利用一些休息的时间阅读有关西西里岛的历史和地理，并听老人们讲述岛屿的变迁。从书中他看到了外面的世界与岛屿的差距，因此他在16岁那年，沿着山谷顺流而下，一直来到海边，随后跟着一艘货船来到了美国。

在22岁那年，安东尼凭借着不懈的努力，获得了梦寐以求的证书——一张石匠工会卡，不久他便入选，在林肯的纪念碑上雕刻林肯在葛底斯堡的演讲词。在雕刻林肯的演讲词时，安东尼深深地被林肯的人生经历所打动。他想：林肯这位生活艰辛，而最后靠着学习改变命运的人，早年生活几乎跟自己一样，不过后来他却当上了律师，最后竟当上了总统，那么自己是不是也会有功成名就的一天呢？他突然之间做了一个决定，要成为一名律师。对此，朋友都笑话他：“你是林肯第二吧？安东尼，你看雕像看呆了。”

安东尼过去只在西西里岛的一所乡村小学读到五年级，想在华盛顿大学国家法律中心学习，这简直是痴人说梦。何况他还要在脚手架上连续工作10小时，但是他却没有退缩，一下班就去夜校补习英文，他的帆布兜里时刻都

有锤子、午饭和课本，他常常匆匆忙忙地吃过午饭便抓紧时间读书，甚至有时候一手拿着书，一手拿着两片玉米饼，中间夹着一块咸猪肉坐在木头上边吃边学习。

终于，功夫不负有心人。安东尼考入了法律学校，但是，因为第二次世界大战爆发，他只得离开美国去同法西斯作战。回国后，他在很短的时间里连续获得了一个法学学士和一个法学硕士的学位，后来，他一直在纽约和华盛顿担任律师，工作十分出色。

有人曾问安东尼：“读书、学习时，难道你不感觉到累吗？”他回答说：“那不可能，因为每个人都必须自己去发现动力，并自己为动力确定具体的含义。”不感觉到累，是因为相信自己一定能行。即便自己被朋友嘲笑，他也从来没动摇过学习的决心。正因为对自己有绝对的信心，安东尼才得以成功。

知识窗

律师不同于古代的讼师、状师，是指依法取得律师执业证书，接受委托或者指定，为当事人提供法律服务的执业人员。按照工作性质划分，律师可分为专职律师与兼职律师，按照业务范围划分，律师可分为民事律师、刑事律师和行政律师，按照服务对象和工作身份划分，分为社会律师、公司律师和公职律师。律师业务主要分为诉讼业务与非诉讼业务。

励志点金石

但丁：“能够使我飘浮于人生的泥沼中而不致陷污的，是我的信心。”

有的女孩天资聪明，在学习的过程中接受新知识会快一些；而有的女孩天资愚钝，学东西总是慢半拍。但是，即便是天资聪慧也有成绩差的同学，因为他们不够认真；即便是天资愚钝，也不乏成绩优秀的同学，那是他们笨鸟先飞的成果。所以，女孩，请对自己说：“我一定要考第一！”

为你支招：如何端正心态考出好成绩？

1.培养自己的自控力

学习的心态问题，就是你要懂得控制自己，自控能力的强与弱都可以直接影响到你的成败。当然，这样的学习心态需要你自己去控制，不能说你端正了心态就端正了心态，而是需要锻炼你的耐力和韧力。也许，处于你们这样的年纪，喜欢玩耍，这是正常的，也是孩子的天性，比起枯燥的学习，玩乐具有致命的诱惑力。每个人都是有惰性的，没有人喜欢枯燥的学习，你只要能够把握好这个度，就事半功倍了。

2.端正心态

女孩子需要明白，无论是做人，还是学习，都要保持一个端正的心态，这是最关键的。只有你端正了心态，心无杂念，才能在学习的困难和挫折之中安然度过，不会因为学习的暂时失利而悲伤，而这样的心态也会更加有利于你的学习，也更容易得到父母和老师的认可。只要你能踏实认真的学习，到了一定的阶段，那么成功其实只是水到渠成的事情。你的一切付出早晚会得到别人的认可，而被别人承认的人，也自然证明了自身的能力与实力。

3.脚踏实地

学习跟做人一样，需要脚踏实地，端正心态，积极进取，这样才能领悟到学习的快乐。人生最高的境界就是水的境地，在任何时候都会不受阻碍，流向大海，所以，多向流水学习，对学习中出现的困难和挫折，调整好心态，积极面对。女孩，从现在开始，端正自己的学习态度，让自己拥有一个丰富、精彩而又充满收获的生活。

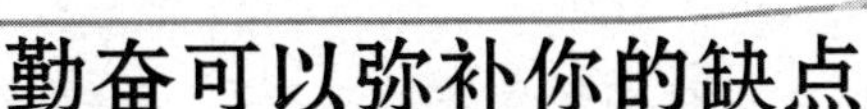

勤奋可以弥补你的缺点

适用写作关键词：勤学　虚心

活到老，学到老

小白家境比较贫寒，高中还没毕业，就辍学在家。后来，随着村里的人去了大城市打工。很快，工作不久的小白就意识到学习的重要性，有时候，别人几分钟可以完成的事情，自己往往需要花上几个小时，为此没少受批评、奚落。自尊心很强的小白暗暗下决心，一定要自学课程，拿到证明自己能力的证书。

于是，在下班后，小白报了夜校。常常在晚上七八点，她还要拖着疲惫的身子去学校上课，晚上回来，还得温习当日的功课。有时候，她会把功课拿到公司，向其他同事请教。这样刻苦学习了几个月，小白做事效率有了很大的提高。半年后，小白拿到了高中毕业证。不过，小白并没有停止不前，她有一句座右铭“活到老，学到老”。一个偶然的机会，她对电脑产生了兴趣，为了更熟练地操作电脑，她自学了相关的计算机课程，拿到了计算机的初级等级证书，后来，她还考取了电大计算机专业。

如果小白只是得过且过、混日子，虽说，这样的生活也是有一天过一天，但是，她却不能更好地实现自己的人生价值。相反，小白热爱学习、虚心刻

苦，虽然，之前所受到的教育程度有限，但是，她始终不放弃学习，奋发向上，最终，证明了自己的价值，开辟了属于自己的那片天空。

知识窗

辍学：字面意思是中途停止上学，指学生没有完成规定学业发生的中途退学行为。在中国农村存在相当数量的辍学现象，而因家庭困难无力支付学费则是最主要的原因之一。在经济发展较好的地区，包括城市和农村，辍学现象也十分严重。如有的学生学习跟不上的，自己产生厌学情绪而辍学；另一方面，家长对学生的成绩有了认识，认为孩子升学没了希望，不如回家就业因而辍学。从发生辍学的时间阶段来看，不论是小学、初中、高中甚至大学，都有相当程度的辍学现象发生。

励志点金石

学海无涯，在生活中，无时无刻，我们都是处于学习之中的。那些拒绝学习的人，会被别人看做是高傲、自负的人，这样的人不讨人喜欢，而是使人感到厌恶。最后，他们只会成为什么都不懂的井底之蛙。虚心好学，不仅仅是一种学习的态度，而且，也将是你走向成功的途径之一。

为你支招：女孩如何通过高效复习方法来提高学习成绩？

1.课后复习

所谓课后复习就是女孩刚听完老师讲课之后，就利用下课的10分钟来消化和吸收老师刚刚讲过的知识，由于老师刚讲完，因此女孩对知识的理解和记忆都达到了较高的状态，这时只需要稍加复习和巩固，就可以牢牢地记住所学的知识。

2.章节复习

不论是哪门学科都分为大的章节和小的课时，通常当讲完一个章节的所有

课时就会把整个章节串联起来再系统地讲一遍。作为复习，女孩同样可以这样做，因为既然是一个章节的知识，所有的课时之间肯定有联系，所以女孩可以找出它们的共同点，采用联系记忆法就可以把这些零碎的知识串联起来，便于我们记忆。

3.轮流复习

尽管女孩学的科目不止一科，不过有的学生就喜欢单一地复习，比如语文不好，就一直在复习语文上下功夫，其他科目一概不问，实际上这是个不好的习惯。当人在长时间重复地做某一件事的时候，免不了会出现疲劳，从而产生倦怠，达不到预期的效果。所以，女孩在做复习的时候不要单一复习某一门科目，应该轮流复习，当你语文看倦了，就换换数学，然后换换英语，这样可以把单调的复习变成一件有趣的事情。

4.复习曾经做错的题目

女孩在考试的过程中免不了会做错题目，不论是自己粗心或者就是不会，都要习惯性地把这些错题收集起来，每个科目都建立一个独立的错题集，当女孩进行考前复习的时候，它们就是重点复习对象。女孩既然错过了一次，就不会再错第二次，只有这样女孩才不会在同样的问题上再次丢分。

5.睡前复习

心理学家研究表明，人在一天中早晨醒来和晚上临睡之前记东西的效果是最佳的。早晨可能许多学生没有时间，不过晚上一定有，既然我们错过了早晨，当然不可以错过晚上，在临睡前女孩需要把今天所学的所有知识系统都在大脑里想一遍，也花费不了很多时间，而且记忆的效果很好。

第8章

好女孩要行动，想一万次不如做一次

在很多时候，女孩都有着自己的想法：希望自己将来能像玫琳凯女士一样成为获得巨大成功，希望谋得一个称心如意的职位，等等。但是，最终，有的女孩能够实现自己的愿望，有的女孩却不论怎么努力都实现不了自己的理想。其实，女孩们忽视了不仅仅要敢想，更要去行动。

确定梦想，更要用行动去实现梦想

适用写作关键词：梦想　坚持

追逐梦想

罗马纳·巴纽埃洛斯是美国第34任财政部长。但在当初，她只是一位贫穷的墨西哥姑娘，16岁就结婚，后来失去了丈夫的支持，独自抚养两个儿子。但是，她那时就决心谋求一种令她自己及两个儿子感到体面和自豪的生活。于是，在梦想的支撑下，她口袋里装着7美元，带着两个儿子乘公共汽车来到洛杉矶寻求更好的发展。

最初她做洗碗的工作，后来找到什么活就做什么，拼命攒钱直到存了400美元后，便和她的姨母共同经营玉米饼店，结果非常成功，并开了几家分店。后来，她经营的小玉米饼店铺成为全国最大的墨西哥食品批发商，拥有员工三百多人。

在经济上有了保障之后，巴纽埃洛斯便将精力转移到提高她美籍墨西哥同胞的地位上。她和许多朋友在东洛杉矶创建了“泛美国民银行”。这家银行主要是为美籍墨西哥人所居住的社区服务。如今，银行资产已增长到2200万美元。

当初，有人告诫她说：“美籍墨西哥人不能创办自己的银行，你们没有资格创办一家银行，同时永远不会成功。”就连墨西哥人也说：“我们已经努力

了十几年，总是失败，你知道吗？墨西哥人不是银行家呀！”但是，她始终不放弃自己的梦想，努力不懈。

如今，这家银行取得伟大成功的故事在洛杉矶已经传为佳话，巴纽埃洛斯也成为美国第34任财政部长。

梦想是一切成就的起点。只有确立了前进的梦想，年轻人才会最大可能地发挥自己的潜力。不仅仅是梦想，更需要行动起来，只有在实现梦想的过程中，我们才能够检验出自己的创造性，调动沉睡在心中的那些优异、独特的品质，才能锻炼自己、造就自己。

知识窗

墨西哥合众国位于北美洲，北部与美国接壤，东南与危地马拉与伯利兹相邻，西部是太平洋和加利福尼亚湾，东部是墨西哥湾与加勒比海，首都为墨西哥城。墨西哥是一个自由市场经济体，拥有现代化的工业与农业，首都及最大城市是墨西哥城。

励志点金石

爱因斯坦曾说：“想别人不敢想，你已经成功了一半。做别人不敢做的，你会成功另一半。”

成功是没有秘诀的，敢想敢做，给自己定一个目标，然后努力，全身心努力，总会有收获。敢想可以使一个人的能力发挥到极致，也可能逼得一个人贡献出一切，排除人生道路上的所有障碍。女孩千万不要抱怨自己运气不够好，因为唯有行动才能够改变自己的命运。行动就是力量，十个空洞的幻想不如一个实际行动。

为你支招：女孩如何敢想敢做？

1.多读书

读书可以积累知识，以增加头脑中表象的储存量，这样一来，女孩的想象力有了原料就能展开翅膀翱翔于蓝天。爱迪生在11岁就阅读了百科全书和牛顿的许多著作，所以，他在后来有了许多科学发明，其勤奋读书学习成为了想象力之源。

2.对周围的事物充满热情

高尔基曾说："不存在没有热情的智力，也不存在没有智力的热情。"兴趣、热情是女孩进行想象活动的直接动力，要培养自己的想象力就需要激发我们的兴趣，热情是想象的原动力。当女孩对周围的事物充满热情的时候，想象力就自然地产生了，比如，看见天空飞过的鸟儿，就想到了"人怎么样才能飞上蓝天呢。"

3.要多做"白日梦"，鼓励将梦想变成现实

女孩们所受过的传统教育过程，就是填鸭式死记硬背中"装满知识"的过程，这无疑剥夺了做"白日梦"的权力。因此，对于生活中所看到的事物，女孩应该大胆展开想象，多做"白日梦"，不仅如此，还应该让那些看来遥不可及的梦想"生活化"，不仅要大胆想象，而且需要投入以实际行动，让自己梦想成真，也许，你就是下一个"莱特兄弟"。

4.应该积极动脑动手

女孩喜欢模仿大人的行为，也好动，这时可以利用自己手边的工具，并充分运用各种感官，自己观察，自己动手，从中体验到一种自我成就感和快乐。比如，自己制作简单的玩具，或者自己设计一种游戏等。女孩对于自己动脑想出来、自己动手做出来的东西，有一种偏爱和特殊的兴趣，这一活动有利于激发内在的强烈好奇心和求知欲，从而逐渐开发自己的智力。

做好行动计划，更快达成目标

适用写作关键词：思维　坚持

规划是行动的前提

几十年前，在美国有一个十多岁的穷小子，他自小生长在贫民窟里，身体非常瘦弱，却立志长大后要做美国总统。如何实现这样的抱负呢？年纪轻轻的他，经过几天几夜的思索，拟定了这样一系列的计划：

做美国总统首先要做美国州长—要竞选州长必须得到雄厚的财力支持—要获得财团的支持就一定得融入财团—要融入财团就需要娶一位豪门千金—要娶一位豪门千金必须成为名人—成为名人的快速方法就是做电影明星—做电影明星前得练好身体，练出阳刚之气。

按照这样的思路，他开始一步步地去行动。一天，当他看到著名的体操运动主席库尔后，他相信练健美是强身健体的好办法，因而有了练健美的兴趣。他开始刻苦而持之以恒地练习健美，他渴望成为世界上最结实的男人。三年后，凭着发达的肌肉和健壮的体格，他开始成为健美先生。

在以后的几年中，他成了欧洲乃至世界健美先生。22岁时，他进入了美国好莱坞。在好莱坞，他花了十年时间，利用自己在体育方面的成就，一心塑造坚强不屈、百折不挠的硬汉形象。终于，他在演艺界声名鹊起，当他的电影事业如日中天时，女友的家庭在他们相恋九年后，终于接纳了他这位“黑脸庄稼人”。

他的女友就是赫赫有名的肯尼迪总统的侄女。

婚姻生活过了十几个春秋，他与太太生育了四个孩子，建立了一个“五好”家庭。2003年，年逾57岁的他，告老退出了影坛，转而从政，并成功地竞选成为美国加州州长。

他就是阿诺德·施瓦辛格。他的经历告诉我们，目标要远大，经营自己的过程却要稳扎稳打，在一个台阶上站好了，然后再瞄准下一步。

志存远大，这是一直被我们推崇的。但是在现实中，仅仅有一个清晰的目标还远远不够。就如阿诺德·施瓦辛格一样，如何开动脑筋，尽快突破小目标，实现大目标，才是女孩们最应该重点费心思考的问题。总结阿诺德·施瓦辛格的成功经历，我们可以总结出这样一句话：从大处着眼，从小处着手，化整为零地循序渐进。作为女孩，谁都想自己能一步登天，一夕成名，一下子便成为一个亿万富翁。有目标、有憧憬是好事，但善于规划才是硬道理。

知识窗

阿诺德·施瓦辛格，1947年7月30日生于奥地利，是美国好莱坞男演员、健美运动员、美国加州前州长、政治家，拥有美国和奥地利双重国籍。2003年竞选加州州长获得成功，跨入政坛。2011年1月3日卸任，任期达7年。卸任后的施瓦辛格重返大银幕，继续接拍电影。

励志点金石

古语云：凡事预则立，不预则废。

女孩在行动之前要有目标，但仅仅有个目标还不够，在把理想铺铸成现实的道路上，女孩还应该做好规划，规划不仅仅是一种前景目标，一张蓝图而已，它更是你行动的路线图。目标是可以看得见的靶子，每个人都能看到，大家都在朝它开枪，但并不是谁都能打得快和准。

为你支招：女孩如何做好学习规划？

1.原则是白天学什么，晚上复习什么

不管你学习计划的重点是什么，比如补习自己薄弱的科目，或增强自己的长项，等等，学习计划的内容必须包括你白天学习了什么，当天就应该复习什么，这不仅仅是巩固新知识，而且是一个短期计划的实施，只有打好了每一天的复习战，才能确保长远计划的实施。

2.补弱项还是增强项

通常情况下，比起强化强项，弥补弱项更容易获得进步。原因之一就是使用在强项中总结出的好的学习方法往往可以适用于学习自己的弱项。比如，假如你的英语处于中级阶段，语文处于初级阶段，那么，你就可以把已经证明有效的英语的学习方法用于语文，假如把英语背单词的方法用于背语文字词，把英语阅读的解题技巧用于语文阅读题，等等。而且，学习自己比较差的课程，使用相对低级的学习方法就可以取得进步，而越是低级的学习方法越容易掌握。

3.弥补自己在课程学习中的漏洞

女孩可以通过总结考试，分析以前做过的题目，回忆再现等方法，找出自己课程学习中的漏洞，然后，根据这些漏洞的严重程度以及对目前学习影响的程度，确定最先弥补的漏洞。你可以针对自己最弱的课程，假如是最弱的课程尚未进入初级阶段，那女孩必须找到入门的方法，假如这门课程处于中级阶段，那就需要突破。

机遇降临，就要立刻行动

适用写作关键词：灵敏　智慧

把握机遇，改变命运

很多年前，美国穿越大西洋底的一根电报电缆线因破损需要更换，这则小消息平静地传播在人们之间。但是一位不起眼的珠宝店老板却没有等闲视之，毅然买下了这根报废的电缆。

没有人知道小老板的意图，认为他一定是疯了，异样的目光围绕着他。小老板关起店门，将那根电缆洗净、弄直，然后剪成一小段一小段的金属段，装饰起来，作为纪念物出售。

大西洋底的电缆纪念物，还有比这更有价值的纪念品吗？这样他轻松地发了。他又买下欧仁皇后的一枚钻石，淡黄色的钻石闪烁着稀世的光彩。人们不禁要问：他是自己珍藏还是抬出更高的价位转手？他不慌不忙地筹备了一个首饰展示会，观众当然是冲着皇后的钻石而来。

可想而知，梦想一睹皇后钻石风采的参观者会怎样蜂拥着从世界各地接踵而至。他几乎坐享其成，毫不费力就赚了大笔的钱财。他就是美国赫赫有名、享有“钻石之王”美誉的查尔斯·刘易斯，一个磨坊主的儿子。

目光敏锐，头脑灵活的人，总能在机会的身影还若隐若现时，就做出自己的判断，并大胆地行动。查尔斯·刘易斯的成功，正是如此。他判定一根报废

的电缆中蕴含着一个巨大的商机，把这次机遇当作自己事业腾飞的平台，乘着机遇的东风冲天而起，在商海大展身手。

女孩，不要总是抱怨没有好的机会降临在你身上，不要总想着会有兔子撞到你面前。成功的机会无处不在，关键在于你是否能紧紧地抓住。聪明的女孩能从一件小事中得到大启示，有所感悟，化成成功的机会；而愚笨的人即使机会放在他面前也不知。

知识窗

电缆（electric cable；power cable）通常是由几根或几组导线（每组至少两根）围绕一根中心绞合而成，其形状类似绳索，同时外层覆盖高度绝缘层。电缆有电力电缆、控制电缆、补偿电缆、屏蔽电缆、高温电缆、计算机电缆、信号电缆、同轴电缆、耐火电缆、船用电缆、矿用电缆、铝合金电缆等。它们都是由单股或多股导线和绝缘层组成，用来连接电路、电器等。

励志点金石

培根说：“智者创造的机会比他得到的机会要多。”

“抓住机遇”这句口号在日常的生活中经常能够听到，有人说：“机遇青睐有准备的人。它不相信眼泪，它与怯弱、懒惰无缘。”也有人说：“机遇稍纵即逝，目光敏锐、勇敢果决者常常能获得它。”其实，机遇对任何人都是平等的，能不能抓住它，主动权在自己手里。机遇在人的一生中扮演着重要的角色。机遇无处不在。抱怨没有机会的人，实际上是不善于识别机会和发现机遇，他们总是在仰望远处的高山，却忽视了脚下的矿石。

为你支招：女孩如何抓住一切时间学习？

1.将时间分为学习时间和非学习时间

时间可以分为学习时间和非学习时间，非学习时间包括吃饭、睡觉、走路、娱乐、锻炼等必须支出的时间，学习时间可以分为两大类：一是上课时间，一是自习时间。在平时的生活中，我们不能挤占非学习时间，因为这是高效学习的基础；对于上课时间，可以按照老师的进度来进行，别利用这段时间做其他的事情，否则会本末倒置。而剩下的就是自己可以自由支配的时间，把它们按照前面所制订的学习计划分配到每个科目上去，遵循了科学规律，自然会提高学习效率。

2.科学安排时间

科学研究表明，人在一天24小时中，学习工作效率有高潮和低潮，一般上午8～10点、下午3～6点、晚上8～10点是学习效率最高的时间。上午8点大脑具有严谨、周密的思考能力，而晚上8点记忆力超强，而中午1点左右是脑力和体力的低潮。每个学生具体的自身情况只有自己才最明白，必须要明确自己的各个时间段的状态，按照自己每个时间段的特点相应地分配学习任务，这样才可以提高效率。那些整段整段的时间用来完成需要思考的学习任务，比如做数学题、研究语文主观题的答题思路等，零散时间用来记忆最基本的知识，比如单词、公式等，思维能力强的时间段用来做理科方面的题目，记忆能力强的时间段用来记忆文科方面的知识。

3.利用零散时间

时间对于每个人而言都是公平的，每天都有24小时，实际情况并非如此。大部分学生发现自己的时间根本没办法满足学习的要求，其中一个主要的原因是有很大一部分时间十分零散，比如课间时间、等车时间、睡觉前的时间。我们很容易忽略了这些零散的时间，它们看起来是如此的不起眼，不过，汇集到一起就不一样了，因此我们要善于利用零散的时间来学习。比如利用这些时间

来记忆单词、语文基础知识、数学公式。此外，还需要好好利用双休日和节假日，许多学校会利用这些时间补课，不过不可能全部用完，那剩下的时间积攒起来还是很多的。

只要你迈步，路就会在脚下延伸

适用写作关键词：勇敢　毅力

82岁，成为哈佛毕业生

伊丽莎白不是哈佛毕业生中最出色的一位，也并不具有非凡的才能，人们对她的敬佩，不是因为她年纪大，而是她勇敢尝试，始终坚持的毅力和决心。

这一天，身穿毕业生礼服、头戴黑色学士帽的伊丽莎白·麦克尼尔从哈佛校长手中接过毕业证书，在获得文科学士学位的同时，学校还给她颁发了一个表彰其学术成就和品德的奖项。

伊丽莎白早在1941年就高中毕业了，之后，陆续生了4个孩子。26年前，她成为哈佛大学健康服务部门的员工。哈佛的学术氛围令她对学习产生了很大的兴趣，于是几年后，她开始尝试在哈佛“蹭课”。

但是在这之后的很多年里，她并没有正式注册当学生，因为她觉得自己没有能力完成哈佛的课程，一度想放弃拿到哈佛学历的念头。

直到9年前，同事和同学的鼓励让伊丽莎白产生了争取学位的念头，那时她已经73岁了。对于一个普通的73岁的老人来说，安享晚年是最好的选择。而伊丽莎白却不甘心就此放弃自己的理想，她再次鼓起勇气，走入了哈佛的课堂，她给自己制定了“10年目标”，并经常向孩子们许诺，要在83岁之前从哈佛毕业。

如今满脸皱纹的伊丽莎白在哈佛工作了25年，学习了20年，攻读了9年学位，最终赶在自己的孙女之前获得了本科学历。在哈佛，伊丽莎白可谓是独特的一位学生。许多教授，都以伊丽莎白的事迹作为案例，鼓舞学生：树立信心、果敢尝试，走属于自己的路。

人的一生有太多的等待，在等待中，我们错失了许多的机会，在等待中，我们白白浪费了宝贵的光阴；在等待中，我们由一个花季少女变为碌碌无为的老年人，我们还在等待什么？选择去尝试，总不会让自己在原地踏步。人生就是如此，只要你迈步，路就会在脚下延伸。

知识窗

本科即大学本科专业学历，是高等教育的基本组成部分，一般由大学或学院开展，极少部分高等职业院校已经开展应用型本科教育。本科与专科相比，本科更着重于理论上的通识教育，而非应用上的专业教育和实际技能。本科层次学生毕业后一般可获本科毕业证书和学士学位证书，少数人因为成绩或综合评价未符合学术要求而只有大学本科毕业证书，没有获得学士学位证书。

励志点金石

智者说：“只要你迈步，路就会在脚下延伸。只有启程，我们才会向理想的目标靠近。”

只有启程，我们才会向理想的目标靠近。无论你的梦想和目标是什么，这些都只是你成功的开始，更主要的是立即开始行动，从而实实在在地看到成功的希望。这一点被许多人所忽略，其结果都是以失败告终。

为你支招：女孩如何培养自己的兴趣去做想做的事情？

1.应该保持浓厚的好奇心

女孩应该保持浓厚的好奇心，对于那些好奇的事物应该采取实际行动去接近它，为其揭开神秘的面纱，比如游戏这么好玩，它是如何设计出来的？女孩需要去解决这些疑问，就会进一步地钻研，翻阅计算机书籍或者百科全书，这样就产生了兴趣的开端。

2.保持兴趣的稳定性

比如姚明之前喜欢考古、航模，甚至喜欢打游戏机，但他发现自己的兴趣所在之后，他就全身心地投入到篮球这项运动之中。同样的，女孩要培养自己的一份兴趣，就要不间断地去熟悉它，逐渐地让它成为自己生活的一部分，每天都接触到它，时间久了自然会“上瘾”，比如喜欢弹钢琴的女孩子，一天不练习就觉得全身没劲，那是因为钢琴已经成为了她生活中的兴趣。

3.需要将兴趣延伸，使之成为特长与技能

如果你整天都玩电脑，但只是随便的消磨时间，并没有将自己对计算机的兴趣延伸，那么这样重复下去，你将对计算机失去兴趣。当女孩在对某件事物感兴趣的时候，需要有一个深入的方向，将自己的兴趣延伸，一层一层地向前“翻阅”，你会发现在兴趣中获得的快乐将越来越多。

4.可以选择一些“志趣相投”的朋友

另外，女孩应该选择一些“志趣相投”的朋友。比如自己喜欢文学，那就选择几位文学爱好者。这是因为自己即使对某样事物有着极大的兴趣，但总会有停滞的时候，这时候，如果有几个朋友在旁边加油鼓劲，这样让自己对感兴趣的事物越发专注。

不努力去行动的人，不会获得成功

适用写作关键词：行动　坚持

心动即行动

有一天，老鼠大王召集了许多鼠族成员召开一次会议，大家围在一起商量如何对付猫吃老鼠的问题。当老鼠大王抛出了问题，老鼠们都积极发言，出主意，提建议，不过会议持续了很久，最终也没有找到一个可行的方法。

这时，一个平时被大家称为最聪明的老鼠对大家说："通过我们与猫多次作战的经验表明，猫的武功实在太高了，若是单打独斗，我们根本不是它的对手。我觉得对付它的唯一办法就是——预防。"大伙听了面面相觑，问道："怎么防呢？"这个老鼠狡黠地说："给猫的脖子上系上铃铛，这样，猫一走铃铛就会响，听到铃声我们就躲藏到洞里，它就没有办法捉到我们了。"老鼠们听了都雀跃起来："好办法，好办法，真是个聪明的主意！"

老鼠大王听了这个办法以后，高兴得什么都忘记了，当即宣布举行大宴。可是，第二天酒醒了以后，觉得不对。于是，又召开紧急会议，并宣布说："给猫系铃铛这个方案我批准，现在开始就落实到具体行动中。"一群老鼠激动不已："说做就做，真好真好！"受到老鼠们的支持，鼠王问道："那好，有谁愿意去完成这个艰巨而又伟大的任务呢？"会场里一片寂静，等了好久都没有回应。

于是，老鼠大王命令道：“如果没有报名的，我就点名啦。小老鼠，你机灵，你去给猫系铃铛吧。”老鼠大王指着一个小老鼠说。小老鼠一听，马上浑身抖作一团，战战兢兢地说：“回大王，我年轻，没有经验，最好找个经验丰富的吧。”接着，老鼠大王又对年纪稍大的鼠宰相发出命令：“那么，最有经验的要数鼠宰相了，您去吧。”鼠宰相一听，吓坏了胆，马上哀求说：“哎呀呀，我这老眼昏花、腿脚不灵的，怎能担当得了如此重任呢，还是找个身强体壮的吧。”于是，老鼠大王派出了那个出主意的老鼠。这只老鼠哧溜一声离开了会场，从此再也没有见到它。最终，老鼠大王一直到死，也没有实现给猫系铃铛的夙愿。

目标是否可以实现，关键在于行动。在任何一个领域里，不努力去行动的人，就不会获得成功。正所谓“说一尺不如行一寸”，任何希望、任何计划最终必然要落实到具体的行动中。只有行动才可以缩短自己与目标之间的距离，也只有行动才能将梦想变为现实。女孩需要记住，做好每件事，既要心动，更要心动。只有理想和目标，不去行动，成功就是一句空话。

知识窗

宰相：是中国古代最高行政长官的通称。“宰”的意思是主宰，商朝时为管理家务和奴隶之官；周朝有执掌国政的太宰，也有掌贵族家务的家宰、掌管一邑的邑宰，实已为官的通称。“相”，本为相礼之人，字义有辅佐之意。“宰”“相”联称，始见于《韩非子·显学》，但只有辽代以其为正式官名，其他各代所指官名与职权广狭则不同，而且名目繁多。通常和丞相是一个概念。

励志点金石

美国著名成功学大师马克·杰斐逊说：“一次行动足以显示一个人的弱点和优点是什么，能够即时提醒此人尽快找到人生的突破口。”

确实，想要达成某种目的，必须要有可行的方案，而且将计划落到实处，

这样的计划才有意义。也许有女孩说“心想事成”，当然，只有首先有了想法才能有成功的可能，但是许多人只是把想法停留在空想的阶段，而不会落实到具体的行动中，最后这些空想终究无法成为现实。

为你支招：女孩在行动之前如何吸取经验呢?

1.学习的目的要明确

如果你打算学习某位成功者，而这个人的想法与你不会发生冲突，那他或许会将学习有效率的一些方法与你分享。你可以亦步亦趋地照他的方式去做，也可根据自己的情况，只把他的方法当做样板来参考。如果对方知道你在使用他的学习方法而乐于帮助你，你的感觉会更佳，学习的效果也会更佳。这时你可以通过同他交流，掌握更多的细节。你可以自由自在地向他询问有针对性的问题，征求具体的建议等。

2.不要盲目照搬

某些因素对某些学习对象有用，却未必对所有人都有用。因此，学习应该掌握一般性原则，不要把每个具体细节都不加选择地照搬。例如，有的同学看了许多成功励志方面的书籍，他们往往喜欢学习那些成功人士，人家怎么干，他也怎么干，最后还一无所获。学习别人对你有用的东西才是明智的做法，如果也照搬同自己能力和气质不符的东西，那么就成为东施效颦了。

3.有所创新与发展

在学习的过程中，你不但要从学习的原型中尽可能汲取更多的东西，把这些当做改变学习方法的基础，而且还要加上自己的观点。即使你的学习对象能提供非常好的学习方法，你还是要设法加上自己的创新。当你感到由于加进了创新以后，新方法比旧方法有了发展时，你不妨邀请之前的学习对象或者有关老师来评价一下，从而获得裨益。

第9章

做坚强的女孩，经受得住风雨的洗礼

现在的女孩子大多数都是在万千宠爱中长大的，在她们身上显现出任性、脆弱、自我、依赖性强、独立性差等这样的一些特点。但是，她们在享受优越条件的同时，却像极了温室里的花朵，经不起外界的风吹雨打。女孩在生活和学习中，更应该学会坚持，经受逆境的洗礼。

不要因为小小的挫折而放弃

适用写作关键词：信念　坚持

灵魂的舞者

塞尔玛是一个单亲母亲，她在一个乡村工厂里工作，靠着微薄的收入来维持着自己与儿子的生活。然而，在塞尔玛心中隐藏着一个秘密：由于遗传因素，她的视力正在慢慢衰退，只有靠着高度近视眼镜才能维持微弱的视力，而且，令自己心痛的是她发现了儿子患有同样的疾病，她决定挣钱为儿子治好眼睛。于是，塞尔玛开始日夜不停地加班，将辛苦赚来的钱装在一个小铁皮盒里。尽管生活对于塞尔玛是残酷的，但她依然释放着全部的热情，塞尔玛特别钟爱音乐与舞蹈，她经常在工厂里歌唱，想象自己是音乐剧里的主角，以此给自己疲惫的心灵以抚慰。

塞尔玛的房东比尔是一位警察，他有个整日无所事事却又喜欢享乐的妻子，在妻子的过度挥霍之下，比尔破产了。但是，比尔却没有勇气将真相告诉妻子。比尔知道塞尔玛有一些积蓄，于是，比尔找到了塞尔玛，向她诉说自己的压力与内心的绝望。无意之中，比尔发现了塞尔玛装钱的铁皮盒子，并拿走了。由于视力的下降，塞尔玛失去了工作，这时，她发现自己辛苦攒下的钱被偷走了。想到曾向自己借过钱的比尔，塞尔玛决定去找比尔，比尔当即承认了自己偷走了钱，两人在争执中，比尔绝望地掏出了手枪，恳求塞尔玛帮助自己

结束生命，塞尔玛扣动了扳机。

塞尔玛安排了儿子的手术，而她自己则来到了歌舞团，在那里，她精彩演绎了《音乐之声》。为了维护比尔的尊严，塞尔玛决定不说出实情，自己一个人承担所有的罪责。直到被警察逮捕的那一刻，塞尔玛依然歌唱着、舞蹈着。

即使塞尔玛生活多么不幸，但是，她那份对生命执着的信念，促使她完成了自己的梦想，那就是攒钱为儿子做手术。在黑暗的世界里，塞尔玛成为了舞蹈的精灵，她是真正的黑暗中的舞者，而这一切将源于她那坚定的信念，因为信念为塞尔玛的心灵指引了生命的方向。

知识窗

《音乐之声》（The Sound of Music），由罗伯特·怀斯执导，朱丽·安德鲁斯、克里斯托弗·普卢默、理查德·海顿主演，于1965年上映。改编自玛利亚·冯·崔普（Maria von Trapp）的著作《崔普家庭演唱团》，最初以音乐剧的形式于百老汇上演。电影讲述了1938年，年轻的见习修女玛利亚到退役的海军上校特拉普家中做家庭教师，以童心对童心，让孩子们充分在大自然的美景中陶冶性情，上校也被她所感染。这时德国纳粹吞并了奥地利，上校拒绝为纳粹服役，并且在一次民歌大赛中带领全家越过阿尔卑斯山，逃脱纳粹的魔掌。

励志点金石

爱迪生说：“无论何时，不管怎样，我也绝不允许自己有一点点丧气。”

信念是心灵的护航者，是胜利的基石。信念，它是一缕永不暗淡的阳光，给心灵以丰富的给养，有了信念，我们就可以穿越阴霾，驱散迷茫，挣脱命运的束缚，自由地飞翔。人生需要信念，坚定的信念，即使道路荆棘满地，充满了无尽的坎坷，我们也不要放弃信念，这样才会看到希望，看到生命的曙光。

为你支招：女孩如何战胜挫折？

1.学会自我激励

自我激励是女孩激励自己形成良好的品德和习惯的方法，首先女孩要对自己有一个正确的认识，对自己的优缺点有所了解；其次女孩学会自我控制和自我约束，“将一件事情做到底”会经历很多意料不到的困难与挫折，女孩应该学会控制自己的情绪和意志；最后，女孩应该有意识地培养自尊心和上进心，这样女孩的潜能才可以不断地被发掘，从而向最好的方向发展。

2.找一个学习的榜样

榜样的力量是巨大的，特别是那些有着坚定毅力、坚持不懈追求进步的人，更是女孩心目中的楷模和英雄。如果女孩能够找到这样一个榜样，无疑为自己前进树立了一个标杆。最好的榜样往往是身边，父母可以是学习的榜样，也可以是身边同龄的榜样，大家一起你追我赶，让竞争变成学习。

3.参加体育锻炼

现在大多数女孩都是在优越的环境中长大的，缺乏毅力，如果有一个机会锻炼自己是最好的。而积极参加体育锻炼是一种好方法，不但可以增强女孩的体质，而且还可以增强女孩的心理承受能力。

4.参加竞赛

假如让女孩独自完成某件事，她总是一拖再拖，或许干脆中途放弃，不妨让女孩知道还有许多人与自己竞争，这样能够激发女孩不服输的心理。毕竟女孩也不愿意承认自己是弱者，不会轻易服输。所以，女孩可以与要好的同学竞争，也可以与对方来一场比赛，将学习变成竞赛。

女孩，勇敢地从困境中走出

适用写作关键词：乐观　豁达

女工的生活

乔丽是报社的一名记者，最近她接到了一份特殊的采访任务。当她拿到被采访者的资料，她不禁有些难过，这是一个怎样的女人：丈夫早些年得了重病去世了，欠下了大笔的债务，家里有两个孩子，还有一个带有残疾，女人只是在一家小型的工厂里当一名女工，微薄的薪水养着整个家，还需要还债。她一下午都坐在家里，想着她家里不知道是什么样子？女人和孩子都蒙头垢面，满脸悲苦，又黑又潮的小屋里没有一点鲜活的色彩，自己去了，也许只会不断地听到哭诉。

那个周末，乔丽满怀深情，按着地址找那个女人居住的地方。当她站在门口，有些不敢相信自己的眼睛，她甚至怀疑自己找错了地方，于是又向女主人核实了一遍。确认无误之后，她才开始重新打量这个家：整个屋子干干净净，有用纸做的漂亮门帘，墙上还贴着孩子上学获得的奖状，灶台上只放着油盐两种调味品，但却把罐子擦得干干净净，女人脸上的笑容就像她的房间一样明朗。乔丽坐在用报纸垫上的凳子上，热情的女人为她拿来了拖鞋，乔丽看见那鞋居然是用旧的解放鞋的鞋底做的，再用旧毛线织出带有美丽图案的鞋帮。

女人也一起坐下来，乔丽不禁有些好奇她是怎么把这个家打理得这样舒适

的，女工一边干着活，一边微笑着说：我虽然失去了丈夫，但是，却领悟到生活的真谛，现在，我也过得很好，得失并不是我在乎的。你看，家里的冰箱洗衣机都是隔壁邻居淘汰下来送给自己的，其实用着也蛮好的；工厂里的老板同事也都照顾自己，还会让自己把饭菜带回来给孩子吃；孩子们也很懂事，做完了一天的功课还会帮忙干家务活……

乔丽听着听着，眼睛有些湿润了。

女工用自己微薄的薪水就创造了一个干净温馨的家，试想，如果女工是一位计较得失的人，那么，乔丽所看到的场面有可能是：她像祥林嫂一样哭诉自己以前的幸福时光，以及现在的不幸生活。只是，她不是那个计较生活得失的人，而是一个高逆商的女人，她以豁达乐观的心态，撑起了一个温暖的家。

知识窗

记者：是指媒体从事信息采集和新闻报道工作的人。记者属于职业的一种。采访，媒体信息的采集和收集方式，通常通过记者和被获取信息的对象面对面交流。记者在中国早期的新闻机构中，编辑和记者没有严格的分工，编辑、采访合一。1872年，《申报》创刊后开始设立访员，专门采访本地新闻。之后，《申报》在北京、南京、杭州、武昌、宁波、扬州等26个城市聘有“报事人”或“访员”。1899年《清议报》第7期上出现“记者”一词。

励志点金石

亚伯拉罕·林肯在一次竞选参议员失败后这样说道：“此路艰辛而泥泞，我一只脚滑了一下，另一只脚也因而站不稳；但我缓口气，告诉自己‘这不过是滑一跤，并不是死去而爬不起来’。”

蘑菇生长在阴暗角落，由于得不到阳光又没有肥料，常常面临着自生自灭的状况，只有当它们长到足够高、足够壮的时候，才被人们所关注，事实上，这时它们已经能够独自接受阳光雨露了。任何一个人在成长的过程中，都将注

定经历不同的苦难、荆棘，那些被困难、挫折击倒的人，他们必须忍受生活的平庸；而那些战胜苦难、挫折的人，他们能够突出重围，赢得成功。

为你支招：女孩如何提高自己的逆商?

1.合理释放情绪

成年人会为工作、感情、金钱、人际关系等事情烦恼，女孩也会被学业、友情和父母的关系等问题困扰。女孩有了情绪上的困扰，不能抑郁，时间长了，负面情绪越来越多，那些不能被自己消化和承受的压力就会演变成心理问题，这是非常危险的。这时女孩可以通过向同学倾诉、与父母沟通等方式合理发泄情绪。

2.以正确心态面对考试

如果女孩子心态比较浮躁，那么，在考试成功的时候，会欣喜若狂，内心滋生出骄傲的情绪，甚至，会放松自己的学习；但在面对考试失利的时候，就会灰心丧气，一蹶不振。这样的心态就是不正确的，有可能会因骄傲而跌倒，也有可能因失败而灰心放弃。而最好的心态就是抱着一颗平常心，这样女孩子就会在成功面前保持谦虚的态度，在失败面前依然充满着信心。

3.不要太在意考试的失利与成功

现代社会，依然是应试教育为主，那将意味着以分数来判定你是否失利或成功。应试教育本身是有欠缺的，仅仅凭着考试的分数而来判断这个学生的知识如何、能力如何，那是不妥当的。因此，如果你真的尽力了，不要太在意考试的失利与成功，因为你所学到的知识是不能被那分数而代替的。

逆境中不气馁、不畏惧

适用写作关键词：暗示　勇敢

对自己说：别害怕！

瑟曼是哈佛大学里一名普通的学生，她从小就怕水，因此十分畏惧游泳课。每次，瑟曼看着在水中游泳的朋友们，心里就会涌上一种不舒服的感觉，面对朋友的邀请，瑟曼只能说："我怕水，所以不想下水。"朋友们笑着怂恿："不要因为怕水，你就永远不去游泳……"看着朋友们像海豚一样在水中自由地嬉戏，瑟曼满是羡慕，但是，她觉得自己还是不够勇敢。

一个月后，朋友邀请瑟曼去温泉度假中心，瑟曼终于鼓起了勇气下水了，但是，她还是不敢游到水深的地方。朋友鼓励她："试试看，让自己灭顶，看会不会沉下去。"瑟曼大吃一惊："你说什么？"内心畏惧的瑟曼摇了摇头，朋友亲自做了一次示范，在朋友的坚持下，瑟曼小试了一下，她发现朋友说得没错，这真是一种奇妙的体验。朋友笑着说："看，你根本淹不死，为什么要害怕呢？"

内心畏惧的人常常表现为害怕困难，意志薄弱，惧怕挫折，内心异常脆弱。遇到了挫折，总是习惯性退缩或者消极抵抗，不愿意冒险，惊慌失措而不知怎么办才好。其实，内心越是畏惧，挫折就会变得越来越强大；而内心越是强大，挫折就会变得不堪一击。

有时候，内心畏惧是源于我们总是不断地逃避问题，那些怯弱而畏惧的人通常都是这样。其实，当我们试着去改变自己的内心，让自己内心变得强大起来的时候，我们会惊讶地发现，克服挫折不过如此，它容易得就像是跨过一道门槛。但是，如果总是任由内心畏惧而不去改变，那么，我们将失去许多成功的机会，因为幸运总是降临在那些有着强大内心、坚韧精神的人身上。

知识窗

温泉：是泉水的一种，严格意义上说，是从地下自然涌出的水，泉口温度显著高于当地年平均气温而又低于（等于）45度的地下水叫温泉，并含有对人体健康有益的微量元素的矿水。也有将从地下抽取的和人工加热配比的水统称为温泉的。

励志点金石

《哈里·波特》的作者J.K.罗琳在接受哈佛大学荣誉博士学位的演讲时说："人们有一个共识，那就是人可以从挫折中变得聪明更强大，这句话意味着人从此对自己的生存能力有了更好的把握。如果没有苦难来考验你，那么你从来都不会真正懂得自己，懂得你处理各种关系的力量有多大。"

面对困难，强者容易变得坚强，而弱者容易变得更软弱。假如女孩们能够深深地体会到挫折、苦难，而且，从不畏惧，也不相信眼泪，那她们所拥有的将是汗水与坚韧。

为你支招：女孩如何给予自己积极的暗示？

1.情绪不好，只允许自己难过10分钟

女孩在生活和学习中会遇到一些令人难过的事情，比如父母的关系、成绩、与同学之间的相处，等等。每当女孩遇到这样的事情，应该记得提醒自

己：伤心的情绪只停留10分钟。然后回归正常生活，该干什么就干什么，让心情回归平静。

2.告诉自己：我最棒

不管在任何时候，都需要告诉自己：我最棒！马上要进行期末测验了，早上起来告诉自己：我最棒；参加学校里的演讲比赛，有些紧张，告诉自己：我最棒；受到了老师的批评，没关系，依然告诉自己：我最棒。当女孩告诉自己“我最棒”的时候，女孩就表现得如所说的那样优秀。

3.对自己说一些鼓舞的话

女孩可以站在镜子面前，看着自己的眼睛，真诚地表达自己的期望：“马上要参加一场很重要的考试，我相信你的实力，只要你肯努力，就一定会成功的，加油！”可能刚开始这样做的时候，女孩会觉得自己傻，但只要你尝试之后就会发现，经过这样的自言自语，心情真的会变得更加积极乐观，思维、行动的效率也会提高很多。

4.想象美好的场景

女孩可以在一个安静、安全的环境中将自己彻底放松，并将希望达到目标在脑海中进行清晰细腻的预演。比如，女孩可以想象自己考入了理想的大学，想象着自己在校园里散步，想象着自己在研究室做实验等。然后告诉自己：“这就是我的理想，我愿意为自己的理想去奋斗！”有了这样的想象，女孩就有前进的动力。

绝境中不妨多等一下

适用写作关键词：坚持　乐观

绝望时再等一下

从前，有一位老婆婆在屋子后面种了一大片玉米，长势喜人。很快秋天到了，到了玉米丰收的季节，地里一片金黄，颗颗饱满的玉米棒彼此拥挤着，都希望自己能被主人相中。其中，一个颗粒饱满的玉米说道："收获那天，老婆婆肯定先摘我，因为我是今年长得最好的玉米！"

但是，到了收获那一天，这个颗粒饱满的玉米等了很久，老婆婆并没有把它摘走。这个玉米并没有失望，它自我安慰："明天，明天她一定会把我摘走！"第二天，老婆婆又收走了其他一些玉米，依然没有摘走这个玉米。

乐观的玉米难掩失望的表情，不过它勉强安慰自己："明天，老婆婆一定会把我摘走！"但是，从此以后，老婆婆再也没有来过。直到有一天，玉米真的绝望了，原来那饱满的颗粒变得干瘪坚硬。

没有想到的是，就在这时，老婆婆来了，她一边摘下这个玉米，一边说："这可是今年最好的玉米，用它作种子，明年肯定能种出更棒的玉米！"干瘪的玉米笑了，它终于等到了希望，明年自己将儿女成群。

或许，你一直都很自信，不过接连的失败和挫折会让你泄气、信心动摇，甚至自暴自弃。不过，即便是在这样的境地，那就需要自己给自己加油，或许

再坚持一下，成功就会来了。

女孩，你是否有耐心在这种绝望时再等一下，哪怕再等一下！偶尔的困难与挫折是生活中不可避免的常事，任何的抱怨与难过都毫无用处。所以，女孩们需要做的，就是乐观地坚持自己的生活。当别人都放弃的时候，依然坚持不懈，直到成功的那一天。

知识窗

玉米，原名玉蜀黍，别名棒子、包谷、珍珠米、苞芦、大芦粟。秆直立，通常不分枝，基部各节具气生支柱根。叶鞘具横脉；叶舌膜质，长约2毫米；叶片扁平宽大，线状披针形，基部圆形呈耳状，无毛或具疵柔毛，中脉粗壮，边缘微粗糙。颖果球形或扁球形，成熟后露出颖片和稃片之外，其大小随生长条件不同产生差异，我国各地均有栽培。全世界热带和温带地区广泛种植，为一重要谷物。味道香甜，可做各式菜肴，如玉米烙。

励志点金石

易卜生：“不因幸运而故步自封，不因厄运而一蹶不振。真正的强者，善于从顺境中找到阴影，从逆境中找到光亮，时时校准自己前进的方向。”

挫折与失败最能考验人的意志，也最容易让一些人胆怯，恐慌、生气和抑郁。其实，每个成功者都曾经历过失败，只是他们是用自信心和坚强的意志，战胜挫折迎来成功。可以说，成功者大都是经历失败最多、受挫最重的人，他们在不能坚持的时候，选择了再等一下，再等一下，最终迎来了风雨之后的彩虹。

为你支招：女孩如何面对挫折？

1.正确理解挫折

女孩对挫折有正确的认识，在克服困难中感受挫折，正确理解挫折，才能培养自己不怕挫折、勇于克服困难的能力和主动接受新事物，承认并敢于面对挫折的信心。女孩在遇到困难的时候，不要总想着回避，而是面对现实，勇敢地向困难发起挑战，当女孩一次次战胜困难，就会增添无穷勇气。

2.正确对待失败

很多情况下，给女孩带来最多打击的往往不是失败本身，而是女孩对失败的理解。假如女孩没有被选为学生代表，她想的原因可能是“我不如其他的同学”，也可能是因为“别的同学更适合”，或者是因为“他们挑选各方面都优秀的学生”。可能，有些失败确实是孩子自身的原因，不过，这时的女孩往往会产生消极情绪，不能以正确的态度对待失败和挫折，这时女孩应该明白“失败并不可怕，只要勇敢，一定可以做好”。

3.培养自立能力以及抗挫的信心

女孩应学习基本的生活技能，比如洗脸、洗衣、整理床铺等，此外还需要增强自己的心理承受能力，比如乐观、积极、向上的生活态度，遇到困难不退缩、失败后不悲观等，掌握与年龄相符的知识技能、生活技能。这样在无形之中增强女孩抵御挫折的能力，自然就容易减少女孩遭遇挫折的次数。

4.做自己能做的事情

中国孩子的致命弱点在于没有自主性、依赖性强，这种现象归根结底在于父母的包办代替，孩子缺乏自信，能力低下，孩子丧失自我实践的机会。所以，女孩子要做自己能做的事情，比如穿衣、吃饭、洗衣服、煮饭等简单事情，哪怕父母愿意帮忙，女孩也应该坚持自己独立完成，否则只能成为柔弱的娇娇女。

5.给自己的压力要适当

你不要给自己太多的压力，给自己的压力要适当。压力本身是没有任何威

胁性的，适当的压力会转换为一种强大的动力，促使你不断地进步，不断地奋发向上。但是，一旦压力过大，就会造成精神紧张、心理崩溃，晚上失眠，白天精神恍惚，而这样的状态是非常影响你的学习质量和效率的。

6.学会给自己释放压力

压力是外来的一种力量，控制着我们的精神和心理，这是无法掌控的，但是我们可以通过一些方式来化解它，消减它的消极性，使其趋向于积极发展。所以，当女孩压力太大的时候，不妨暂时抽离学习的状态，多参加一些户外活动，在大自然中散散心，或者约几个好友一起逛逛街，这都是一些好的释放压力的方法。

只要有梦想，一切皆有可能

适用写作关键词：坚持　自强不息

一切都有可能

1967年夏天，美国跳水运动员乔妮·埃里克森在一次跳水事故中身负重伤，导致全身瘫痪。乔妮怎么也摆脱不了那场噩梦，不论家人和亲友如何安慰她，她总是认为命运对她实在不公。

她曾经绝望过，但最终她开始冷静思索人生的意义和生命的价值。她借来许多介绍前人如何成才的书籍，一本一本认真地读了起来。

她虽然双目健全，但读书也很艰难，只能靠嘴衔根小竹片去翻书，劳累、伤痛常常迫使她停下来。休息片刻后，她又坚持读下去。通过大量的阅读，她领悟到残疾也可以成才。于是，她想到了自己中学时代曾喜欢画画，为什么不能在画画上有所成就呢？乔妮捡起了中学时代曾经用过的画笔，用嘴衔着，练习开了。

这是一个十分艰辛的过程。用嘴画画，很多人连听都未曾听说过。许多年过去了，她的辛勤劳动没有白费，她的一幅风景油面在一次画展上展出后，得到了美术界的好评。

后来，乔妮又想到要学文学。经过艰辛的努力，乔妮再次成功了。1976年，她的自传《乔妮》出版了，轰动了文坛，她收到了数以万计的热情洋溢

的信。两年又过去了，她的《再前进一步》一书出版，后来还被搬上了银幕，影片的主角就由乔妮自己扮演，她成了千千万万个青年自强不息、奋进不止的榜样。

生命中没有逆境，也就无法使才能与智慧获得增长。如果你想采摘玫瑰，就不要怕刺扎破手指。人的一生中不可能只有成功的喜悦而没有遭受挫折的痛苦，一个人如果能在失望中与绝望中看到希望，抓住新生，他就已经获得了一半的成功。

人生中没有直路，当乔妮踏上人生征途之后，就做好迎接挫折挑战的准备，面对挫折坚强不屈，绝不退缩，把挫折当成奋斗的阶梯，当成磨炼生命的礼物，用自信、乐观和毅力面对挫折，用坚强、镇定和勇敢战胜挫折，这样她才能一步步地实现自己的梦想。

知识窗

跳水是一项优美的水上运动，它是从高处用各种姿势跃入水中或是从跳水器械上起跳，在空中完成一定动作姿势，并以特定动作入水的运动。跳水运动包括实用跳水、表演跳水和竞技跳水。跳水运动在跳水池中进行。跳水运动员从1米跳板、3米跳板或从3米、5米、7.5米和10米跳台跳水。跳水运动要求拥有空中的感觉，协调，柔韧性，优美，平衡感和时间感等素质。

励志点金石

查尔斯·詹姆士·福克斯对那些面对挫折从不灰心丧气的人，总是寄予厚望，他说："年轻人首次登台亮相就博得满堂喝彩当然不错，不过我更欣赏在失败后还能一再尝试的年轻人，这才是生活的强者，他们往往比首战告捷的人发展得更好。"

在追寻梦想的路程中，挫折与失败最能考验人的意志，也最容易让一些人胆怯，恐慌、生气和抑郁。只要我们坚持心中的梦想，不放弃，那就能战胜挫

折迎来梦想实现的那一天。

为你支招：女孩如何实现自己的梦想?

1.培养勤奋的品质

勤奋是实现梦想的必要条件，所有梦想的实现都离不开行动，只有梦想而没有行动的女孩，最终只不过是纸上谈兵。勤奋对女孩而言是一笔无形的财富，它可以帮助女孩早日实现梦想，女孩要将勤奋的态度注入心中，这样梦想才能实现。

2.从小事做起

梦想都是远大的，任何通往梦想的小事都是通往成功的必要条件。女孩千万不要好高骛远，因为没有谁可以一步登天，那些所谓的成功者，都是日积月累，一步步实现自己的目标。

3.贵在坚持

梦想需要坚持不懈，追求梦想更是贵在坚持。在学习过程中挫折不断，追求梦想的实现并非一朝一夕，女孩需要付出努力和坚持，只有在不断战胜一个个挫折之后，才能不断进取，不断超越自我。

第10章

做自信的女孩，乐观是女孩笑傲人生的秘籍

自信心是女孩在成长的过程中一点点地锻炼出来的，有了充足的自信心，女孩长大之后能够有更强的适应和判断能力，可以适应现代社会的快速发展。所以，女孩有意识地提高自己的自信心是很有必要的，因为自信是女孩笑傲人生的武器。

学会欣赏自己，并使自己充满自信

适用写作关键词：欣赏　自信

欣赏你自己

在一次哈佛大学泰勒·本·沙哈尔教授的课堂上，有个学生在课堂上向沙哈尔提问道：“请问老师，您是否知道您自己呢？”沙哈尔心想：是呀，我是否知道我自己呢？他回答说：“嗯，我回去后一定要好好观察、思考、了解自己的个性，自己的心灵。”

本·沙哈尔教授回到家里就拿来了一面镜子，仔细观察着自己的外貌、表情，然后来分析自己。首先，沙哈尔就看到了自己闪亮的秃顶，想：“嗯，不错，莎士比亚就有个闪亮的秃顶。”随后，他看到了自己的鹰钩鼻，心想：“嗯，大侦探福尔摩斯就有一个漂亮的鹰钩鼻，他可是世界级的聪明大师。”看到了自己的大长脸，就想：“嗨！伟大的美国总统林肯就是一张大长脸。”看到了自己的小矮个子，就想：“哈哈！拿破仑个子就很矮小，我也是同样矮小。”看到了自己的一双大撇撇脚，心想：“呀，卓别林就是一双大撇撇脚！”

于是，第二天他这样告诉学生：“古今国内外名人、伟人、聪明人的特点集于我一身，我是一个不同于一般的人，我将前途无量。”

泰勒·本·沙哈尔教授善于欣赏自己，这令他对自己充满了自信，即使在

别人看来，自己的长相并不出众，但是，经过他一番积极的心理暗示，原来自己身体的每个部分都与名人、伟人、智者扯上了关系，这样一来，自己肯定是一个前途无量的人。

心理学教授威廉·詹姆斯说：“世界精神太忙碌于现实，太驰骛于外界，而不遑回到内心，转回自身，以徜徉自怡于自己原有的家园中。”世界上没有两个完全相同的人，每个人都是作为独立的个体，在我们身上有许多与众不同的甚至优于别人的地方，这是每一个人值得骄傲的地方。我们没有理由总是欣赏别人，而忽略了自己的优点；没有理由一味地比较，而最终丢失了自我。

知识窗

泰勒·本·沙哈尔：哈佛大学心理学硕士、哲学和组织行为学博士，近年从事个人和组织机构的优势开发、自信心，以及领袖力的提升研究。其开设的“积极心理学”和“领袖心理学”被哈佛学生推选为最受欢迎率排名第一和第三的课程，“其奇妙之处在于，当学生们离开教室的时候，都迈着春天一样的步子”。泰勒在哈佛被称为“最受欢迎的导师”，同时他还受聘为多家著名跨国公司的心理咨询师和培训师，他的课程具有实用性和可操作性，被众多企业家和高管们誉为“摸得着的幸福”。

励志点金石

尼采曾这样说：“聪明的人只要能认识自己，便什么也不会失去。”

只有学会欣赏自己，才能使自己充满自信，并从自信中获得快乐，使自己的人生不迷失方向。在生活中，彼此的互相比较是不可避免的，但是，我们需要知道，自己既有缺点更有优点，因此，在欣赏别人的同时不要忽略了自己。欣赏自己是一种智慧，它会令你浑身上下散发出自信的魅力；欣赏自己是一种心理暗示，当你把自己想象成什么样，你就真的会成为什么样的人。

为你支招：女孩如何欣赏自己？

1.关注自己的闪光点

在平时生活中，女孩要善于发现自己的闪光点，重新树立自信心。良好的自信心是成功的一半，有意识提高自己的自信心，欣赏自己、鼓励自己是不可忽视的。当自己遇到困难的时候，需要鼓励自己积极进取，遇到困难时先别气馁，而是分析原因，将自己受挫的自信心重新树立起来。

2.别做理想的孩子

有的女孩追求完美，努力成为父母眼中理想的孩子。但是，在这个世界上，哪有什么十全十美的人呢？如果你为了做到理想而苛求自己，反而会心生烦恼。所以，女孩不要以父母眼中的“理想孩子”作为标尺来衡量自己，而是尊重自己，从实际出发，尊重自己的个性，这样才会收获更多的自信。

3.细小的进步也是值得骄傲的

与同龄最优秀的孩子相比，可能自己总是显得不那么突出，方方面面都差强人意。但是，比起昨天的表现，你是否已经前进了一小步呢，以前可能英语成绩不及格，但现在几乎都能跨过及格的大关，取得了良好的成绩，或许离优生还有一段距离，但是自己的进步却是明显可见的，因而这也是值得称赞的一大步。女孩要善于发现自己每天的进步，正视自己的努力，如果在这时能够获得父母的赞赏，那无疑会增加自己的自信心。

永远相信自己是最优秀的女孩

适用写作关键词：自信

永远坐第一排

20世纪30年代，英国一个不出名的小镇里，又一个叫玛格丽特的小姑娘，自小就收到严格的家庭教育。父亲经常对她说："孩子，永远都要坐在前排。"父亲经常向她灌输这样的观点：无论做什么事情都要力争一流，永远走在别人前头，而不能落后于人。"即使是坐公共汽车，你也要永远坐在前排。"父亲从来不允许她说"我不能"或者"太难了"之类的话。

玛格丽特满17岁的时候，她开始明确了自己的人生追求——从政。然而，那个时候，进入英国政坛要有一定的党派背景。她出生于保守党派氛围的家庭，要想从政，必须要有正式的保守党关系，而当时的牛津大学就是保守党员最大俱乐部的所在地。由于她从小受化学老师影响很大，同时又想到大学学习化学专业的女孩子比其他任何学科都少得多，如果选择其他的某个文科专业，那竞争就会很激烈。

于是，一天，她终于勇敢地走进校长吉利斯小姐的办公室说："校长，我想现在就去考牛津大学的萨默维尔学院。"

女校长难以置信，说："什么？你是不是欠缺考虑？你现在连一节课的拉丁语都没学过，怎么去考牛津？"

“拉丁语我可以学习掌握！”

“你才17岁，而且你还差一年才能毕业，你必须毕业后再考虑这件事。”

“我可以申请跳级！”

“绝对不可能，而且，我也不会同意。”

“你在阻挠我的理想！”玛格丽特头也不回地冲出校长办公室。

回家后她取得了父亲的支持，就开始了艰苦的复习，学习备考工作，这样在她提前几个月得到了高年级学校的合格证书后，就参加了大学考试并如愿以偿地收到了牛津大学萨默维尔学院的通知书。玛格丽特离开家乡到牛津大学去了。上大学时，学校要求学5年的拉丁文课程，她凭着自己顽强的毅力和拼搏精神，在1年内全部学完了，并取得了相当优异的考试成绩。她所在学校的校长也这样评价她说：“她无疑是我们建校以来最优秀的学生，她总是雄心勃勃，每件事情都做得很出色。”

四十多年以后，她终于得偿所愿，成为英国乃至整个欧洲政坛上一颗耀眼的明星，她就是连续四年当选保守党党魁，并于1979年成为英国第一位女首相，雄踞政坛长达十一年之久，被世界政坛誉为“铁娘子”的玛格丽特·撒切尔夫人。

知识窗

牛津大学（University of Oxford），简称牛津，是一所位于英国牛津市的世界顶级公立大学，建校于1167年，为英语世界中最古老的大学，也是世界上现存第二古老的高等教育机构，被公认为是当今世界最顶尖的高等教育机构之一。牛津大学是一所在世界上享有盛誉、有巨大影响力的知名学府。

励志点金石

F.H.布拉德利：“在某种程度上，每个人的形象都符合自己的设想。”

相貌平平的女孩，不必再为你的貌不惊人而烦恼，因为“一个人越自信，

他的性格就越迷人”。增加几分自信，你便增加了几分魅力。简·爱这个普通妇女的艺术形象，之所以能够震撼和感染一代又一代各国读者的心灵，正是因为她以自信和为人生的支柱，这使她的人格魅力得以充分展现。

为你支招：女孩如何增强自信心？

1.写下你的优点

现在请你列举一下自己身上的优点，越多越好。开始，你可能觉得这很难，因为你习惯了去寻找自己的缺点，没有关注过自己的优点，甚至没有想过自己还有优点。那么，你现在开始列举吧，如果你还是感到很困难，可以找父母、同学帮忙。列出优点，每天抽时间默念自己的优点，可能开始的时候很不习惯，坚持做，一段时间后，你会发现不仅自己可以坦然接受自己的优点，而且你会发现自己有越来越多的优点。

2.给自己积极的心理暗示

假如以前总会想：我已经努力了，可我的学习总是不好，那么今后尝试着这样说：我要继续努力，并寻找办法提高学习成绩；如果以前常担心害怕找不到更好的工作，那么以后要常对自己说：我会努力去找，我会找到适合自己的位置的，等等。生活中充满暗示，女孩时刻在受暗示的影响，当女孩说自己“不好”时，可能会时刻证明自己的确是“不好”。

3.少与别人比较，多跟自己比较

女孩从小受的教育使得自己习惯与别人比较，尤其是与优秀的人比较。在比较中发现“我不如张三的成绩好”……原本自己满意的地方也会变得很糟糕，因为不管什么时候和别人比较，不管自己有多么优秀，都会找到比自己各方面更出色的人。所以，要学习和自己比较，去发现自己的进步和取得的成绩。

4.常怀感恩的心

每天记录自己所做的事情，在做得好的事情、好的表现，比如勤奋、认真、孝顺上做一个记号，在自己做得不够好的地方以及需要改进的地方做一个

记号，最后作总结，好好表扬和欣赏自己做得好的方面，对做得不够好的方面，不去责备自己，而是告诉自己今天有些事情我做得不够好，明天我会改进，明天一定能够做得更好的。

相信自己能，便会攻无不克

适用写作关键词：自信　坚持

没有不可能

贝勒夫人是哈佛大学的文学老师，她和蔼可亲，深受学生们的敬重。

有一天，贝勒夫人给学生们带来了特别的一节课。开始上课了，贝勒夫人首先让学生们在纸上写出自己不能做到的事情，一个10岁的女孩子这样写道“我无法完整地背出太长的课文”“我不会骑脚踏车”“我不知道怎样才能让别人喜欢我”……虽然她已经写了半张纸，却丝毫没有停下来的意思，仍认真地写着。贝勒夫人也忙着写自己不能做到的事情：“我不知道如何让孩子的家长都来”“我不知道怎样帮助玛丽提高她对数学的兴趣”，等等。过了十多分钟，许多学生都已经写满了一张纸，有的学生开始打开了第二张纸，不过，贝勒夫人及时制止了这一行为：“同学们，写完一张就行了，不要再写了。”学生们按着贝勒夫人的指示，把那些写满“不可能做到的事情”的纸对折，然后按顺序来到讲台，把纸放进一个空的鞋盒里。

等所有的纸条都放进去以后，贝勒夫人把自己的纸也放了进去。然后，她将盒子盖上，夹在腋下领着学生走出了教室，路过杂物室的时候，贝勒夫人找了一把铁锹，领着学生来到了运动场，她挑选了一个最边远的角落，开始挖坑。

十分钟后，坑挖好了，贝勒夫人吩咐学生将那个鞋盒埋在“墓穴”里，贝勒夫人神情严肃地说：“孩子们，现在请你们手拉着手，低下头，我们准备默哀，朋友们，今天我很荣幸能够邀请到你们前来参加‘我不能’先生的‘葬礼’，‘我不能’先生在世的时候，曾经与我们的生命朝夕相处……您的名字几乎每天都要出现在各种场合，当然，这对于我们来说是非常不幸的……我们更希望您的兄弟姊妹‘我可以’、‘我愿意’、‘我立即就去做’等能够继承您的事业……愿‘我不能’先生安息吧，也祝愿我们每一个人都能够振奋精神，勇往直前！阿门！”

接着，贝勒夫人带着学生回到了教室，还举办了一个庆祝活动。贝勒夫人用纸剪成了一个墓碑，上面写着“我不能”，中间则写上“安息吧”，下面还标明了日期。贝勒夫人将这个墓碑挂在了教室中，每当有学生无意中说“我不能”的时候，贝勒夫人就会指着这个墓碑，学生们便会想起“我不能”先生已经死了，从而想出解决问题的办法。

知识窗

墓碑：中国古代“墓而不坟”，只在地下掩埋，地表不树标志。后来逐渐有了地面堆土的坟，又有了墓碑。人去世后，如要立墓，大多都要有墓碑文。墓碑文上一般刻记死者的姓名、籍贯、成就，逝世日期和立碑人的姓名及与死者的关系。写碑文应对死者充满敬意和感情。

励志点金石

爱默生曾说：“相信自己能，便会攻无不克……不能每天超越一个恐惧，便从未学会生命的第一课。”

成功来自于自信，自信者有着决胜的信念，在他们的字典里是没有“不可能”的事情，他们不达到目的就不罢休，坚决咬定青山不放松，使“不可能”变为“可能”。其实，能够打垮自己的往往不是别人，而是内心的“不可能”

先生，所以，相信自己，相信“一切皆有可能”，不要把一次失败就看做是人生的终审。

为你支招：女孩如何战胜那些“不可能”的事情?

1.避免苛求自己

女孩要避免苛求自己，平时对自己的要求要适当。女孩对自己的要求应与自己实际的能力和水平相适应。假如自己取得了好成绩，那应该对自己充满信心；即便成绩比较差，也要自我安慰，分析原因，总结经验和教训，或者请求父母的耐心指导，这样一步步提高自己的成绩。

2.采用小目标积累法

许多女孩产生不自信，往往是由于对自己要求过高，将自己已经取得的成绩忽略了，她只是沉浸在大目标无法实现的焦虑中，心理上就经常笼罩在悲观、失望的阴影中。女孩可以制定一个个可以在短时间内实现的小目标，一切向前看，从已经实现的小目标中得到鼓舞，增强自信。随着小目标的积累，不但会形成一个实现大目标的动力，而且会让自己形成足以克服自卑的信心。

3.丰富知识

生活中，经常发现当许多孩子一起交谈的时候，有的孩子说得滔滔不绝、绘声绘色，而有的女孩却只是在一边听，一言不发。这是什么原因呢？这主要是由于女孩的知识面不同，有的孩子见多识广，有的孩子知识面较为狭窄。而那些知识面较为狭窄的女孩更容易自卑，所以，女孩要有意识地丰富自己的知识，开阔自己的眼界。

摆脱自卑，做自己想做的人

适用写作关键词：自卑　拼搏

为自己贴上自信的名片

有一天，著名的成功学家安东尼·罗宾接待了一位走投无路、风尘仆仆的流浪者。那人一进门就对安东尼说：“我来这儿，是想见见这本书的作者。”说着，他从口袋里掏出了一本《自信心》，这本书是安东尼多年以前写的。安东尼微笑着请流浪者坐下，那人激动地说：“是命运之神在昨天下午把这本书放入了我的口袋中，因为当时我已经决定要跳进密西根湖了此残生，我已经看破了一切，我对这个世界已经绝望，所有的人都已经抛弃了我，包括万能的上帝。不过，当我看到了这本书，我的内心有了新的变化，我似乎看到了生活的希望，这本书陪伴我度过了昨天晚上，我下定了决心，只要我能见到这本书的作者，他一定能帮助我重新振作起来。现在，我来了，我想知道，你能帮助我什么呢？”安东尼打量着流浪者，发现他眼神茫然、满脸皱纹、神态紧张，他已经无可救药了，但是，安东尼不忍心对他这样说。

安东尼思索了一会儿，说：“虽然我没有办法帮助你，但如果你愿意的话，我可以介绍你去见本大楼的一个人，他可以帮助你东山再起，重新赢回原本属于你的一切。”听了安东尼的话，流浪者跳了起来，他抓住安东尼的手，说道：“看在老天爷的份上，请你带我去见这个人！”安东尼带着他来到从事

个性分析的心理实验室里，面对着一块看来像是挂在门口的窗帘布，安东尼将窗帘布拉开，露出一面高大的镜子，流浪者看到了自己，安东尼指着镜子说："就是这个人，在这个世界上，只有你一个人能够使你东山再起，除非你坐下来，彻底认识这个人，当作你从前并不认识他，否则，你只能跳进密西根湖了，只要你有勇气来重新认识自己，你就能成为你想做的那个人。"流浪者仔细打量自己，低下头，开始哭泣起来。几天后，安东尼在街上碰到了那个人，他已经不再是一个流浪汉了，他西装革履，像一个绅士。后来，那个人真的东山再起，成为了芝加哥的富翁。

如那个人一样，每个女孩都梦想过自己能成为什么样的人，也许是科学家，也许是医生或者律师，不过，她们却因为自卑而选择退缩，宁愿梦想着，而不实践着，甚至希望能得到别人的救赎。事实上，做自己想做的人，其实很简单，只要相信自己，给自己贴上积极梦想的标签，朝着梦想勇敢地奋进，那么女孩就真的能够成为自己所希望的那个人。

知识窗

安东尼·罗宾（AnthonyRobbins），1960年2月29日出生于美国加利福尼亚，世界潜能激励大师、世界第一成功导师、世界第一潜能开发大师。主要著作有《激发个人潜能Ⅱ》、《激发无限的潜力》、《唤起心中的巨人》、《巨人的脚步》和《一分钟巨人》等，而且被翻译成数十种译本。1995年安东尼·罗宾斯当选为"美国十大杰出青年"；1995年被授予"金锤奖"。

励志点金石

莎士比亚："对自己都不信任的人，还会信什么真理？"

心理学家认为，自卑经常以一种消极的防御的形式表现出来，比如妒忌、猜疑、害羞、自欺欺人、焦虑等，自卑会让人变得非常敏感，经不起任何刺激。假如一个女孩被自卑心理所笼罩，其身心发展及交往能力将受到严重的束

缚，才智也得不到正常的发挥。

为你支招：女孩如何摆脱自卑？

1.了解自己为什么自卑

女孩要了解自己因为什么而自卑。比如因外貌而表现自卑的女孩，她们对于能够正常绽放青春的同龄人，实际上是充满嫉妒的。她们也想要成为大家关注的中心，但她们压抑自己正常的需要，用相反的方式表达自己的内心。越爱美越不敢表现美，越是想要人关注，越是不敢被人关注，从而形成典型的自卑心理。

2.多与父母沟通

青春期女孩自信心缺失，大部分原因在于家庭教育环境与方式。如果女孩害怕与外界沟通，那不妨多与父母沟通，从父母那里获取信心与鼓励，在父母的引导下走出家门，多结交兴趣相投的朋友。一旦女孩在肯定中得到了满足，那就增强了自信心。

3.多交朋友

自卑的女孩大多比较孤僻、不合群，喜欢把自己孤立起来。而积极的人际关系会为女孩提供必要的社会支持系统，有利于自身压力的减缓和排解，性格也会变得乐观起来。而且孩子在与人交往的过程中，会更加客观地评价自己和他人，女孩要多走出门交朋友，并培养社交能力。

4.获得成功经验

当女孩成功的经验越多，她的期望值就越高，自信心也就越强。对于自卑的女孩来说，建立起符合自身情况的抱负，增加成功的经验。当女孩遭遇困境，心生自卑的时候，这时可以去做一件比较容易成功的事情，或者参加感兴趣的活动，以消除自卑。比如，当女孩在考试中失利了，不妨在体育竞赛中找回自信。

5.正确面对挫折

女孩在生活中难免会遇到失败和挫折，而失败的阴影是产生自卑的温床。女孩要善于自我鼓励，及时驱逐失败的阴影。女孩可以将失败当作学习的机遇，分析失败的原因，从失败中学习和吸取教训，并将那些不愉快、痛苦的事情彻底忘记。

自信的女孩最动人

适用写作关键词：自信　坚韧

坚持我自己

林志玲是一位时尚模特，她的容颜在众多佳丽中并不算是最出色的，但是她却凭着自己优雅的气质而屡次登上各大时尚周刊的封面。在日常生活中，她总是素颜朝天，打扮得像邻家妹妹。她并不像众多明星那样，她既不喜欢泡夜店，也不喜欢待在酒吧，她最喜欢待的地方是图书馆。她坦言，自己当初无意间踏入了模特这个领域，耽误了自己的学业，这是她最大的遗憾。因此，她在休息之余，总是会多看一些书，充充电。正是这样内外兼修，她才能如此自信地站在镁光灯下，迎接人们赞叹的目光。

实际上，林志玲是26岁才正式走红，她从来没有隐瞒过自己的年龄，她说："也许我这个年龄是有些晚了，但是女人是越成熟才越有魅力。当年我也是一个不自信的女孩，不会相信自己会成功，觉得自己没有别人漂亮，也没有别人有个性。"林志玲认为一个美丽的女人首先就要有自信："我觉得自信的女人最美丽，她们容易散发出吸引人的气质，我也经常被有自信的女人吸引，希望自己能够像她们一样，而且，告诉你们一个小秘密，女人的信心是成功的仙丹，只要你对自己充满信心，总有一天，你也可以成功。"

当谈到让自己重新拥有自信的原因，林志玲说那就是相信自己："我觉得

每个女人的美丽都是独一无二的，无论她的外貌如何，只要充满了自信，就可以由内而外散发出美丽的气息。”

自信铸就了林志玲无与伦比的美丽，也促成了她最后的成功。自信是女孩好性格的显现之一，因为自信，所以乐观。自信的女孩，不一定是女汉子，她可以是柔弱的，也可以是坚强的。自信的女孩，总是游刃有余地展现出自己的美丽，那一份坦诚与爽朗，那一种长袖善舞，都是源于一分自信的洒脱。

知识窗

模特：模特是由英语的“Model”音译而来，主要是指担任展示艺术、时尚产品、广告等媒体的人，模特儿一词也代表了从事这类工作人的职业。模特在体型、相貌、气质、文化基础、职业感觉、展示能力等方面具有一定条件，一般要具有良好身材、相貌基础、个人气质、文化基础、人格素养和展示能力等内在素质。

励志点金石

萧伯纳：“有信心的人，可以化渺小为伟大，化平庸为神奇。”

信心，其实并不神奇，也不神秘。信心是这样发挥作用的：“相信我确实能做到”的态度，产生了能力、技巧与精力这些成功的必备条件。每当你相信“我能做到”时，自然会信心百倍。

为你支招：女孩如何重新树立自信？

1.告别失败的阴影

大大小小的失败是每一个人都会遇到的，女孩也会适时遇到一些小挫折和小失败，不过在失败之后，女孩若还是无法告别失败的过去，那可以与父母来一次有效的沟通。女孩可以尝试着与父母一起分析失败的原因，并总结经验，

下次再遇到同样的事情一定会成功，在父母的帮助下，女孩忘掉不愉快的过去，抬头向前看。

2.改变形象

美国的一项调查显示：在举重的时候，假如大声喊叫，会多使出15%的力量，在平时，大声说话、走路抬头、敢与人正面的交流都是自信的表现。所以，假如女孩不够自信，可以从整洁的穿衣、大声讲话等方面培养自信。

3.预演胜利的场景

当女孩遇到困难或挑战的时候，可以为其制造一幕胜利的场景，让自己幻想胜利后的一幕幕场景，给自己足够的动力和战胜困难的勇气，帮助自己战胜恐惧心理，相信自己有信心战胜极富挑战的任务。

第11章

做有优势的女孩，不断发掘自己的潜力

女孩身上的潜力有多大？或许谁也不清楚，不过，只要女孩善于采用一定的方法去挖掘，去调动学习的积极性，那就会开发出自己的优势。美国著名艺术家摩西老母晚年才发现自己有惊人的艺术天分，希望这样的遗憾不要发生在女孩身上。

自我设限是自我毁灭的开始

适用写作关键词：设限　自信

不要自我设限

在美国纽约街头，有一位卖气球的小贩，每次当自己生意不怎么好的时候，他就会使用这样的方法：向天空放飞几只气球。这样一来，就会吸引一些围观的小朋友来玩耍，自己的生意又会好起来，那些被气球吸引过来的小朋友都争着买他的色彩漂亮的气球。

有一天，当他向空中放飞了几只气球的时候，他发现了在一大群围观的孩子中间，有一个黑人小孩用一种疑惑的眼神看着天空。小贩很奇怪：他在看什么呢？顺着黑人孩子的眼光看去，发现空中正飘着一只黑色的气球。这只黑色气球是否代表着自己呢？

小贩走上前去，用手轻轻地抚摸黑人孩子的头，微笑着说："从前，有一只鹰蛋不小心落到了鸡窝里，被当成鸡孵了出来。从出生那天起，它就与鸡窝里的兄弟姐妹们不一样。它没有五彩斑斓的羽毛，不会用泥灰为自己洗澡，不会三啄两嘴就从土里刨出一只小虫来。矮小的鸡窝总是碰它的头，而鸡们总是笑它笨。它对自己失望极了，于是跑到一处悬崖，想跳下去，结束自己的生命。但它纵身跃下的时候，本能地展开翅膀，飞上云天，它才发现，自己原本是一只鹰，鸡窝和虫子不属于它。它为自己曾因不是一只鸡而痛苦的往事感到

羞愧……你不要因为自己是一只鹰而感到羞愧！”

孩子抬头看着他，他笑着对孩子说：“孩子，黑色气球能不能飞上天，在于它心中有没有想飞的那一口气，如果这口气够足，那它一定能飞上天空。”

有人这样种南瓜：当南瓜只有拇指大的时候，就把它装在罐子里，一旦它渐渐长大，就把会罐子内的空间占满，等到没有多余的空间了，而南瓜则会停止成长，于是，南瓜就一直维持在罐子里的那种形状了。我们的心就如同南瓜一样，当它习惯了自我设限，在被束缚的范围里就不能自由生长，会逐渐失去向上生长的动力，只能在原地徘徊。

其实，束缚是源于内心的不确定或者不自信，当我们能够坚定告诉自己“我一定能行”，从内心深处建立起强大的自信，这种不确定或者不自信的束缚将会消失，而释放出真实的自我。所以，在人生前进的路上，女孩不要忘记告诉自己“我一定能行”！

知识窗

黑人：黑色人种即黑种人，又称尼格罗人种、尼格罗－澳大利亚人种、赤道人种，是根据体质上可遗传的性状而划分的人群。黑种人一般肤色黝黑，头发黑呈波浪或鬈曲，黑眼睛，鼻子宽扁，鼻根低矮或中等，鼻突出度小、鼻孔横径较大，凸唇，口宽度大，嘴唇厚，胡子和体毛较少。对黑人的称呼，英语中以前用Negro，本为西班牙语的“黑”，但有强烈的蔑视色彩。有些历史悠久的黑人团体，至今还沿用这个单词，例如：United Negro College Fund。

励志点金石

齐克果曾经说：“一旦一个人自我设限，并且一直认定自己就是个什么样的人时，他就是在否定自己，甚至他不会自我挑战，只想任由自己一直如此下去，而这终将导致自我毁灭。”

其实，“我做不到”是一种逃避的心态，在还没有开始之前，就先被打倒

了，如果女孩的人生始终以这样的逃避心态，那么，将会为自己留下许多难以弥补的遗憾。因此，女孩应该突破内心的束缚，当心开始恐惧的时候，女孩应该大声对自己说："我一定能做到。"不断地暗示自己，释放出真实的内心，以此获得最后的成功。

为你支招：女孩如何突破心理设限?

1."我不是坏孩子"

在生活中，许多女孩因不听话被老师训斥："你简直是一个坏孩子""从来没见过你这样调皮的女孩子，简直就是一个野孩子"……不管你被别人定义为什么样的孩子，女孩，请对着镜子看自己，数一数自己的优点：唱歌、跳舞、绘画……然后找到自己发展的方向，告诉自己：我不是坏孩子。

2.不要被父母的情绪所影响

成绩在中国父母心中的分量太重了，父母认为"考不好就没希望""进不了大学人生就失败"，这些狭隘的观念无疑为女孩设限，产生一些消极的影响，女孩的天分因此受到抑制和打压。由于达不到所谓的标准，一些女孩被贴上"坏孩子""玩物丧志""没上进心""没出息"等标签。即便在这时，女孩也要善于发现自己的价值，重树自信心和进取心。

3.女孩，你比想象中更加优秀

一个人总不会是十全十美的，身上总会有一些缺点。当有人针对这些缺点而说出一些嘲笑的话时，女孩不要往心里去，更不要因此给自己设限，认为自己就是对方口中所说的人。事实上，你远远比自己想象中更加优秀，努力去发现自己的优点，赢取人生中的成功。

唤醒沉睡的潜能，做最棒的自己

适用写作关键词：潜能　忍耐

逼出自己的潜能

约翰在哈佛音乐系研修钢琴，他的指导教授是一位有名的音乐大师。第一天，教授就递给约翰一份乐谱，说："试试看吧！"由于乐谱的难度比较高，约翰弹得错误百出，教授鼓励他说："还不成熟，回去好好练习！"约翰回家练习了一个星期，打算在第二次课上让教授验收自己的成绩，但是，没想到教授又递给自己一份难度更高的乐谱，对他说："试试看吧！"约翰挣扎着应付高难度的挑战，然而，在第三周，更难的乐谱出现了。这种情形不断持续着，约翰每次上课都会被一份全新的、难度较高的乐谱所困扰，他怎么也赶不上进度，往往是上周的练习还没有驾轻就熟，而下一次挑战又来了，约翰感到十分沮丧，心中满是失望，甚至他觉得自己根本不是学钢琴的料。

这天，他像往常一样进入练琴室，却发现在钢琴上摆着一份全新的乐谱。"超高难度……"约翰翻着乐谱，喃喃自语，他似乎觉得自己的心跌倒了谷底，自己练习钢琴已经三个多月了，每次练习音乐教授都会拿出全新的乐谱，不断地提高难度。约翰勉强打起精神，开始了练琴。不一会儿，教授走进了教室，约翰忍不住了，他必须向教授询问这三个月为什么要这么折磨自己。但是，教授并没有说话，而是拿出了最早的那份乐谱，交给约翰："你来弹这份

乐谱吧！”不可思议的事情发生了，在约翰的十指下，一曲美妙而精湛的曲子缓缓流出，教授慢慢说道：“如果我不这样训练你，可能你现在还是练习最早的那份乐谱，也就不再会出现这样的水平……”

人的潜能是挖掘不完的，它就像一座永远挖不尽的金矿。女孩，只要相信自己，你就可以通过潜能来获得所需要的一切东西，一旦唤醒潜在的巨大力量，生活就会出现奇迹。在每个人的身体里，隐藏着一份潜能，只要女孩能够发现并加以利用这份潜在的力量，就能够实现自己的梦想。面对困难，女孩往往不知所措，其实，我们并不是输给了困难，而是输给了自己，因为有时候女孩往往会低估自己的能力。

知识窗

乐谱：乐谱是一种以印刷或手写制作，用符号来记录音乐的方法。不同的文化和地区发展了不同的记谱方法。记谱法可以分为记录音高和记录指法的两大类。五线谱和简谱都属于记录音高的乐谱。吉他的六线谱和古琴的减字谱都属于记录指法的乐谱。传统的乐谱主要以纸张抄写，现在亦有电脑程式可以制作乐谱。

励志点金石

美国学者詹姆斯根据自己的研究成果，得出了这样的结论：“普通人只开发了他蕴藏能力的十分之一，与应当取得的成就相比较，我们不过是在沉睡，我们只利用了我们身心资源的很小的一部分，甚至可以说一直在荒废。”

唤醒沉睡的自己，唤醒潜藏在女孩身体里的潜能，这样你才会更充分地发挥自己的才能。

为你支招：女孩如何逼出自己的潜能?

1.给自己“逼”的压力

女孩应该对每天的时间进行严格规划，设定一个学习计划表，列出每天要做的事情，让自己严格按照时间的要求来做，促使自己能产生时间观念。对于不懂的问题，不要直接去翻找答案，而是再次看书本，寻找知识点，然后分解题目，找出解题步骤，最终自己解决问题。这种方法在刚开始可能觉得困难，连续几次也就适应了。

2.“逼”自己学讨厌的科目

比如在英语学习上，女孩首先“逼”自己拼读单词，再“逼”短语或词组与相关句子的翻译以及语法的应用规则。这样一个月下来，即便讨厌英语的女孩也开始自己定每天英语学习的内容，这时女孩已经不再和英语较劲了，而是渐渐学着喜欢它。

3.通过逼迫来训练自己

许多学习成绩不好的女孩，其实是产生了一定非智力性的学习障碍。这类女孩的学习问题是因表达、阅读、记忆、推理等能力的缺失而产生的，这完全可以通过训练来解决。而且女孩学习习惯差，比如边看电视边写作业的现象经常存在，这样也要逼自己，坚持每天专心致志地完成学习任务。

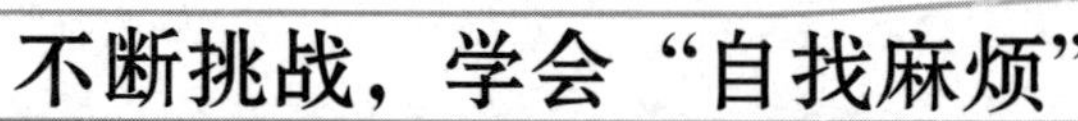

不断挑战，学会“自找麻烦”

适合写作关键词：挑战　潜能

你比想象中更优秀

1796年的一天，在德国哥廷根大学，19岁的高斯吃完了晚饭就开始做导师单独布置给自己的每天例行三道数学题。高斯很快就把前面两道题做完了，这时，他看到了第三道题：要求只用圆规和一把没有刻度的直尺，画出一个正17边形。高斯感到非常吃力，时间很快就过去了，但是，这道题还是没有一点进展，高斯绞尽脑汁，但是，他很快发现自己学过的所有数学知识似乎都不能解答这道题。不过，这反而激起了高斯的斗志，他下决心：我一定要把它做出来！他拿起了圆规和直尺，一边思考一边在纸上画着，尝试着用一些常规的思路去找出答案。

天快亮了，高斯长舒了一口气，自己终于解答了这道难题。见到导师，高斯有点儿内疚：“您给我布置的第三道题，我竟然做了整整一个晚上，我辜负了您对我的栽培……”导师接过了作业，当即惊呆了，他用颤抖的声音对高斯说：“这是你自己做出来的吗？”高斯有点疑惑：“是我做的，但是，我花了整整一个晚上。”导师激动地说：“你知不知道，你解开了一道两千多年历史的数学难题，阿基米德没有解决，牛顿没有解决，你竟然一个晚上就做出来了，你才是真正的天才！”原来，导师误把这道难题交给了高斯，每次高斯回

忆起这一幕时，总是说：“如果有人告诉我，这是一道两千多年历史的数学难题，我可能永远也没有信心将它解出来。”

女孩应该永远记住一句话：你比自己想象中更优秀。因为我们每个人所拥有的潜能都是无穷的，我们所展现出来的只是九牛一毛，还有更多等待我们去挖掘。相信自己，多给自己一份肯定，自己永远比想象中优秀一点，这样，你才会成功地挖掘出自己的潜在价值，从而使自己变得更优秀。

知识窗

约翰·卡尔·弗里德里希·高斯，德国著名数学家、物理学家、天文学家、大地测量学家。是近代数学奠基者之一，高斯被认为是历史上最重要的数学家之一，并享有“数学王子”之称。高斯一生成就极为丰硕，以他名字“高斯”命名的成果达110个，属数学家中之最。高斯在历史上影响巨大，可以和阿基米德、牛顿、欧拉并列。

励志点金石

戴尔·卡耐基说：“多数人都拥有自己不了解的能力和机会，都有可能做到未曾梦想的事情。”

你比你想象的更优秀。在现实生活中，也许女孩会遭遇许多困难，导致一些问题没有能够得到解决。其实，问题本身没有太大的难度，而是我们把问题想得太复杂了，以至于我们不敢去面对它。如果仅仅是因为低估了自己的能力而失败了，那自然是得不偿失的。所以，相信自己，努力挖掘自己的潜能。

为你支招：女孩如何挑战自我？

1.女孩要做自己能做的事情

幼儿期心理活动的主动性明显增加，喜欢自己去尝试体验。在女孩两三岁

的时候，随着生理结构和功能的发展以及能力的增强，开始出现独立意识的萌芽，这时女孩希望尝试参与父母的活动，学会做一些力所能及的事情，在日常小事中体会到成功的体验，从而增强自己独立处理事情的自信心，这样在以后遇到更大的挑战时就不至于胆怯。

2.大胆提出自己的观点和意见

女孩应将自己看做一个独立的、与父母平等的个体，那自己的观点和意见理应得到尊重。在日常生活中，关于一些事情，可以大胆提出自己的看法和意见，让父母认识了解自己。

3.遇到困难自己解决

每个人在出生之后都会遇到各种各样的困难和挑战，女孩不要一遇到困难就急切地向父母求助，要自己解决。比如自己摔倒了，马上站起来；坚持自己洗衣服；遇到学习中的困难，不要急着问老师，先自己思考一下。从小学会自己解决困难，未来才能成功在天空中翱翔。

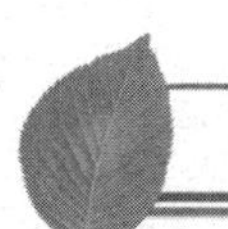

去尝试了，你才知道自己的潜力有多大

适用写作关键词：自信　突破

你可以做得更好

曾经有这样一个小女孩，她从小失去了爸爸，是一个私生子。在女孩成长的过程中，遭受了许多人的嘲笑与歧视，在学校也没有一个孩子愿意与她亲近。女孩耳边常常响起这样的声音：她是一个没有父亲的孩子，没有教养的孩子！时间长了，她真的觉得自己失去了父亲就成为没有教养的孩子。在潜意识里，她非常自卑，甚至不愿与身边的人交流。不过，在女孩13岁那年，一个牧师改变了她的一生。

每个周六，当别的孩子跟随父母一起到教堂做礼拜的时候，女孩只能远远地躲在远处想象着教堂里有趣的事情，她不敢走进教堂，因为自己没父亲、没教养。有一天，当女孩躲在远处看着其他人从教堂里出来，她也准备离开时，忽然有人从身后拍了拍她的肩膀，女孩局促不安地转过身，看到面前站着一个慈祥的男人，她听到人们喊他“牧师”，而且还不断地提醒牧师不要招惹这个“没有父亲没有教养的孩子”。

不过，牧师好像根本没听到什么，他温和地对女孩说：“你是谁家的孩子？”这样的问题让女孩不自觉地蜷缩了身子，她不知道如何回答。这时牧师笑了起来，说：“我知道！你是上帝的孩子。”然后，牧师抚摸着女孩的头发

继续说道："你和这里所有的人都一样，都是上帝的孩子！孩子，不管你过去如何不幸，都不重要，重要的是你对未来必须充满期望。现在你可以做出选择，选择你想做什么样的人，想拥有什么样的人生。孩子，人生最重要的不是你从哪里来，而是你要到哪里去。过去不等于未来，只要你调整心理，积极乐观地面对未来，你一样能够拥有不平凡的人生。"

牧师的话改变了女孩，她从此开始变得自信、乐观，积极地把握生命中的每一次机会。在40岁那年，她荣任田纳西州州长，之后，弃政从商，成为世界500家最大企业之一的公司总裁，成为全球赫赫有名的成功人物。在67岁时，她出版了自己的回忆录《攀越巅峰》。在书的扉页上，她写下了这句话：过去不等于未来。

假如女孩没有在牧师的开导下勇敢地尝试，恐怕她的一生都只能是一个"没有父亲的孩子，没有教养的孩子"。在现实生活中，许多女孩像她一样，背负着过去沉重的枷锁生活，每天都懦弱、卑微地活着。其实，女孩不知道自己完全能够掌控自己的命运，可以实现任何可能的目标，做任何自己想做的人。

知识窗

牧师：是在一般基督新教的教会中专职负责带领及照顾其他基督徒的人。圣经原文的用字是牧羊人之意。治疗和支持是牧师的主要职责。牧师带着对他们信念的忠诚，治疗并保卫他的同伴们。牧师（旧译会长）是基督新教的圣品人，与天主教中神父的不同在于牧师可以结婚，女性亦可以成为牧师。在三级圣品制里，牧师上一级是主教，低一级是会吏。

励志点金石

土耳其有句古老的谚语说："每个人的心中都隐伏着一头雄狮。"

只要不断挑战自我，让心中的雄狮醒来，每个人都可以成就卓越，创造奇

迹。历史上，往往就是那些不断挑战自我的人完成了不可能完成的任务，成就了自己的人生，也推动了历史的前进。女孩，不管你过去如何，现在如何，你只要问自己想成为什么样的人，然后坚定不移地朝着目标出发，哪怕所有人告诉你："这是不可能的。"

为你支招：女孩如何挖掘自己的潜能？

1.激活自己的潜力

全国杰出教育家魏书生老师曾经说过："学生要学中求乐，苦中求乐，兴趣是最好的老师，一旦学习成为了享受，还害怕学生们不学习吗？"大量事实证明，兴趣是学习和创造的动力，只有培养自己的兴趣，才更加有利于激发女孩的潜力。

2.相信自己

女孩要用放大镜去看自己的优点，只要不涉及原则的缺点就不要理会。女孩要有足够的热爱生活的信心，意识到自己在父母和老师心目中是很重要的、是被信任的。

3.发挥自己的优势

一个女孩专注于自己的短板，便会渐渐损耗掉自己的生命动力和激情。兴趣是最好的老师，女孩要善于用自己的优势享受学习，感受学习的美妙体验，并将这个体验引入其他科目的学习中，形成良性的能量场，自然会考出好成绩。

4.活在当下，享受当下

人最难的就是认识自己，人的生命过程就是不断认识自我的过程。许多女孩的烦恼甚至心理问题都是根源于不明白自己身在何处，或者说不接受自己的现状。有的女孩活在过去的成绩里，所以当现在不如以前时，则常常灰心丧气甚至放弃努力。所以，女孩要注重现在，活在当下，享受当下。

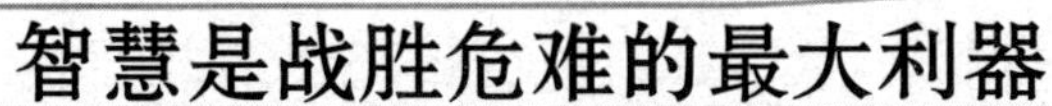

智慧是战胜危难的最大利器

适用写作关键词：机智　勇敢

智慧自救

有一天早上，居里夫人骑自行车上街。天刚下过雨，街上十分安静，只有少数行人。突然，居里夫人发现在路边正躺着一个受伤的警察，他腹部被人刺伤，生命危在旦夕，居里夫人当即解下自己的围巾捂住警察的伤口，警察断断续续告诉居里夫人：“在五六分钟前，我正在查问一个青年，那青年却突然拿着刀向我刺来，然后，他骑着我的自行车就逃走了。”警察说着，用手指了指方向就咽气了。

居里夫人让路人帮忙照料警察，自己则向警察所指的方向跑去，没跑多远，前面就出现了岔道。凶手是从哪条路走的呢？居里夫人仔细观察了左边和右边的路，发现在离路口不远处，两边的路都铺上了一层黄沙，而在右边的路上，居里夫人看见了清晰的自行车车胎痕迹，心想：凶手好像是从这条路逃走的。但是，很快，她就发现在左边的路上也同样有轮胎的痕迹，她仔细分辨了两边车胎的痕迹，发现右边路上的车胎痕迹前后轮深浅大致相同，而左边路上前轮的车胎痕迹比后轮浅，她想了想，马上就明白了。

这时，有个警察骑着自行车追来了，居里夫人说：“杀人凶手应该是从右边这条路逃跑的，通常骑自行车的人身体重量都会在后轮上，因此前轮车胎痕

迹比后轮痕迹深，而这条路是上坡路，凶犯的自行车应该是前后深浅差不多，而右边路上的痕迹正是这样，凶手肯定是从右边逃走的。”警察顺着右边的路追去，果然抓到了凶犯。

智慧与危难并生，智慧是战胜危难的最大利器。我们都知道居里夫人是著名的科学家，但是，谁能想到，在她柔弱的身体里，竟然有着与福尔摩斯一样的果敢与智慧。我们从来都不会怀疑智慧的力量，特别是在危难时刻的时候。当遇到危急情况的时候，如果能像居里夫人那样沉着冷静，勇敢果断，那么奇迹就会在我们身上发生。也许，危难是我们无法预料的，但是，我们却可以用智慧来改变它，使自己转危为安。

知识窗

玛丽·居里（1867—1934），世称“居里夫人”，全名是玛丽亚·斯克沃多夫斯卡·居里。法国著名波兰裔科学家、物理学家、化学家。1867年11月7日生于华沙。1903年，居里夫妇和贝克勒尔由于对放射性的研究而共同获得诺贝尔物理学奖，1911年，因发现元素钋和镭再次获得诺贝尔化学奖，成为历史上第一个两获诺贝尔奖的人。居里夫人的成就包括开创了放射性理论、发明分离放射性同位素技术、发现两种新元素钋和镭。在她的指导下，人们第一次将放射性同位素用于癌症的治疗。

励志点金石

罗兰：“每个人心中都应有两盏灯，一盏是希望的灯光，一盏是勇气的灯光。有了这两盏灯光，我们就不怕海上的黑暗和风涛的险恶了。”

在生命的长河里，总有我们无法预料的危险时刻，但是，人与人之间的不同往往在于他们的反应：有的人在危难面前沉着冷静，运用智慧应对了危难；有的人面对危难就惊慌失措，感到大祸临头了，放弃了最后一点希望。于是，智者战胜了危难，而愚者只能在危难中等待灭亡。

为你支招：女孩如何提高处理危机的能力？

1.掌握基本的安全知识

女孩应学习基本的安全知识，比如煤气炉具的安全使用方法；化学物品、药品的正确使用；上学和放学路上要和同学结伴走；不要随便吃陌生人给的食物。女孩天生好奇、好动，心智处于发展阶段，对意外伤害事件缺乏足够的警惕性和预见性，掌握了基本的安全知识，就是从根本上保护自己。

2.懂得必要的应急措施

女孩懂得应急措施是十分必要的，比如遇到意外，要学会打报警电话，如110、119、120等；懂得一些基本的医学常识，如急救的方法；万一被坏人强行带走，懂得寻找机会逃脱等。毕竟危险和意外是经常存在的，假如女孩不懂这些，那在遇到危险和意外时就会束手无策，不能及时化解危机。

3.掌握家庭安全知识

美好的家庭生活中也处处隐藏着危险，孩子60%的安全事故是发生在家庭周围，比如有的孩子从楼梯上摔下来，有的孩子触电身亡。假如女孩懂得如何避免那些经常出现的问题，那遇到的危险和意外就会减少。女孩要学习有关水、火、电的安全知识，对安全有所了解，遇到紧急情况就发出警告，及时解决。

4.掌握公共场所安全知识

女孩懂得在公共场所的自我保护，在公共场合遇到陌生人送给自己的玩具或给食物时，要保持警惕，予以拒绝，不要轻易相信陌生人的话。在公共场合遇到外来威胁、受到伤害时，首先找警察，若附近找不到警察，在公园、商场、电影院都会有保安，可以向他们求助，记住犯罪者的性别、面貌特征，说明事情发生时的具体情况。

女孩，选择走适合自己的路

适用写作关键词：坚持　特立独行

走自己的路

理查德这位从哈佛大学毕业的高材生，最令人诧异的一点，就是他没有成为哪个大企业的骨干或某个科研项目的专家，而是成了一个出类拔萃的油漆匠。

理查德的父亲是从墨西哥偷渡过来的老一辈非法移民，他凭着一手好油漆活，在洛杉矶站住了脚。在一次大赦之后，这位老油漆匠拿到了绿卡，成了美国公民。从小聪明又懂事的理查德经常在放学以后就帮助爸爸干油漆活。几年下来，理查德的手艺大有长进不说，而且有些方面还大有创新，连父亲都自叹不如。

理查德的学习成绩总是在全年级前三名，并且社区服务的记录也是全校最荣耀的，还获得过全美中学生美术展油画铜奖，这就使得他轻而易举地被哈佛大学录取了。理查德在哈佛求学的过程中，成绩在班上总是名列前茅。但理查德每次来信，都要对星期天没法干油漆活而大发牢骚。或者，就是盼着早点放假，回家来摆弄油漆。四年很快过去了，理查德虽然成绩优秀，但坚持不上研究院，而是在洛杉矶找到一份薪水蛮高而且非常体面的工作。

工作半年多，理查德的表现相当出色，但他心里总是不忘油漆活。有一

次，公司的老板因为理查德工作优秀，就问他对公司有哪些看法，有些什么要求。理查德说，公司把有些部件拿到外面去做油漆不仅成本很高，而且质量也不理想，如果公司成立油漆部，就会很好解决这个问题。老板笑着说："这谈何容易？买设备倒是小事，招聘优秀的油漆技师可不是一件容易的事情。"理查德说："用不着招了，你面前就有一个。"于是，理查德把自己的经历同老板说了个明白，并且，还把招一些年轻人由他亲自培训的构想和老板进行了沟通。老板当即决定，成立油漆部，由理查德任经理兼技师。

理查德兴冲冲地告诉老爸自己提升了。当老爸知道儿子任油漆部经理时，半天没说出话来。虽然家里人一再规劝理查德三思而后行，但理查德坚持走自己的路。经过几年的努力，这个油漆部的工作非常出色，白宫有些用品都指定在这里加工。

很多年轻人，在刚刚步入社会时，大多有自己的想法，给自己设计了诸多条成就大事的道路。然而很多人没用多久，在压力及现实面前，高高地举起了双手，早早地屈服了。自己理想只存留于幻想中，甚至越来越不被提及。

知识窗

油漆工是土建专业的专业工种之一，指使用手工工具或机具，把涂料涂刷或喷刷在建筑物表面和门窗表面，以及裱糊饰面和裁装玻璃的专业人员。油漆工通常具备调配、嵌批、打磨、擦揩和常用涂饰工艺技法。

励志点金石

康德说："既然我已经踏上这条路，那么，任何东西都不应妨碍我沿着这条路走下去。"

曾有人形象地把人比作一条船。在人生的海洋中，有的人像无舵船，他们幻想能漂到一个富裕繁荣的港湾。面对风浪海潮的起伏变化，他们束手无策，只能随波逐流，幸运的能漂进某个避风港，不幸者可能触礁或搁浅。但那些成

功者，他们花时间研究计划、确定目标和航向，他们坚持走属于自己的路，从此岸到彼岸，有计划地行进。他们勇敢地做自己心灵的舵手。

为你支招：女孩如何走自己的路？

1.选择适合自己的路

海阔凭鱼跃，天高任鸟飞，女孩要找到一个战胜自己的舞台。有的女孩子尽管理科成绩不太好，不过阅读面甚广，文章也写得有灵气，更重要的是特别善良。难道还没有出路吗？湖南女孩谭韵抒在中学总是排在前五名，不过是倒数，不过她却以专业第一的成绩考入澳门理工大学，并获得了23.4万元澳币奖学金。

2.好的路并非适合自己

或许，女孩可以听从父母的话，去学那些所谓的热门专业，比如应用心理学、金融、国际关系等，然后进一个很好的公司等。不过，或许这样的女孩会在某个普通的夜晚醒来，觉得自己的人生完全没有意义，做着自己不喜欢的工作，嫁给一个自己不喜欢的人。或许，女孩会用一些心理暗示来帮助自己渡过难关，不过她更有可能因此患上抑郁症。

3.即便选错了，也是珍贵的经验

女孩应该直面自己选择的路，即便选错了走错了，也会获得宝贵的经验和教训，哪怕有一天她误入森林里，她也有可能自己找对路出来。假如孩子总是听从父母安排的阳光大道，却丢失了自己选择的能力和直面弯路的勇气。当然，并非说孩子一定要与父母作对，走什么样的路，需要结合自身实际情况以及特长做考虑，不管是弯路还是直路，最终你必须自己一个人走。

世界，因为有了独特的你而美丽

适用写作关键词：欣赏　自信

接纳你自己

波波拉是位女教师，她一直很不满意自己的长相，好像哪儿看起来都不顺眼。在经过一番心理挣扎之后，她决定去整容。整形医师仔细打量了她的五官，认为她长得并不难看，关键问题在于波波拉内心的失衡，她把自己估计得太低。在波波拉的强烈坚持下，整形医师还是为她动了手术，不过只是稍微改善了她的五官，比她自己所要求的要少很多。

手术之后，波波拉显得很不高兴，她一边打量镜子中的自己，一边埋怨："你并没有对我的脸孔做太大的改变。"整形医师解释说："你的脸孔本来就只需要稍作改善，问题是你使用脸孔的方式错了，你把它当作一个面具，用来遮掩你的真实感觉。"波波拉低下头："我已经尽自己最大的努力了。"医师没有说话，只是默默地看着她，波波拉沉默了许久，才默然地说道："每天我到学校去的时候，就像戴了张面具，尽量表现出自己最好的一面，我认为自己不够好，我把所有的感情全部隐藏起来，只留下我认为正确的一部分。但是，令我难过的是，在我三年的教学生活中，孩子们总是嘲笑我。"

整形医师微笑着说："孩子们嘲笑你，是因为他们已经看出你一直在演戏，他们了解你已经自我失衡。其实，作为一名教师，并不一定要使自己表现

得十分完美，偶尔也可以表现得愚蠢一点，这样孩子们就会尊重你了。记住，你就是你，不需要改变自己的容貌，而是改变自己的心态，不要再让自己的心与自己对峙下去。”波波拉接受了医师的建议，从那时候开始，她再也不去在意容貌，而是完全地接纳自己，最后，她成为了孩子们很喜欢的老师。

当自我失去了平衡的时候，我们需要给自己的心灵寻找出路，从内心深处来接纳自己，让自己和心灵融为一体。其实，在很多时候，自我失衡并不来自于外在条件的不适，而是源于内心的阴霾，当我们无法完全地接纳自己的时候，心理就会失去平衡，总认为自己哪里都不顺眼。这样长时间下去，最终会导致自我毁灭。

知识窗

整容又称整复外科或成形外科，治疗范围主要是皮肤、肌肉及骨骼等创伤、疾病，先天性或后天性组织或器官的缺陷与畸形。治疗包括修复与再造两个内容。整形外科学（plastic surgery）的治疗范围主要是皮肤、肌肉及骨骼等创伤、疾病、先天性或后天性组织或器官的缺陷与畸形。治疗包括修复与再造两个内容。以手术方法进行自体的各种组织移植，也可采用异体、异种组织或组织代用品来修复各种原因所造成的组织缺损或畸形，以改善或恢复生理功能和外貌。

励志点金石

三毛说：“一个不欣赏自己的人，是难以快乐的。”

认同自己，学会欣赏自己，你会发现一个全新的自己。喜欢你自己，愉快地接纳你自己，培养自信心。每个人都是一个独特的个体，一个人只有全面地接受自己，才能走出自卑、自责的心灵沼泽，活出精彩的自己。当你试着接纳自己的时候，你会发现自己其实没有那么痛苦，笑容开始从内心绽放。而且，你会发现和周围的人相处得更和睦了，因为你在试着接纳自己的同时，也学会

了接纳他人。

为你支招：女孩如何接纳自己？

1.学会接受自己

有的女孩总感到这不如意，那不满意，有些病不是客观条件太差，而是由于攀比不当引起的。当女孩产生“自我厌恶”情绪时，要学会做自己最亲密的朋友。不要用别人的优秀或是成功来证明比较自己的不足，每个人的能力、特长都不同，所以不可盲目地去比较。

2.多看看自己身上的优秀特质

每个人都是独一无二的个体，这个独特的“我”，既有优点也有缺点。女孩只有看到自己的优点，才能回避缺点，才有良好的自我感觉。懂得欣赏自己，才能自信地与人交往，发挥自己的才能与潜力。当遇到挫折的时候，女孩要学会自我解脱，多看看自己身上的优秀特质，发现自己的闪光点。

3.充分发挥自己的优势

学会欣赏自己，女孩就会发现自己并不比别人差。女孩要在实践中不断超越自我，将自己的优势发挥出来。比如老师让别人做板报，你失去了机会，那你可以拟一个设计方案，将自己的创意写下来给老师看。如果你希望别人也欣赏你，那就只能靠实际行动了。比如会绘画的你，可以给老师和同学们画一张头像；会唱歌的你，可以在班级晚会中露一手。

第12章

养成勤于读书的习惯，做眼界开阔的女孩

读书为女孩开启了探究过去、现在、未来奥秘的大门；读书引发高雅的谈话，可以培养高尚情感以及思维的深度；读书可以促使女孩关注生活，重视生命意义。假如你不爱读书，那需要激发读书的兴趣。

女孩应该养成乐于读书的习惯

适用写作关键词：知识　习惯

杰奎琳总统夫人

有人说："杰奎琳的第一个魅力是深不可测的智慧美。"熟悉杰奎琳的人，都会说到她对于书的感情。杰奎琳是一个典型的书迷，她对书的痴迷程度，是常人难以理解的。就连她的丈夫肯尼迪也会惊叹："无法理解她为什么那么喜欢看书。"

她几乎博览群书，不管什么书都看得很认真，尤其喜欢诗集、历史书籍或关于艺术的书籍。随着地位的提升和年龄的增长，杰奎琳看书更加刻苦，并通过读书不断提高自己，如此学习的经历使得她在离开白宫后仍然被人们所记住，在离开白宫后，她反而变得更有名，成为了一个更具影响力的女人。

杰奎琳的公寓和别墅里装满了各种书籍，桌子上和桌子下、沙发和椅子上，到处都堆满了书，整个别墅就相当于图书馆。她经常指导朋友希拉里"做一个读很多很多书的女人"，在杰奎琳看来，要想成为一个传奇女人，其中的奥秘就是书和学习。

莱因霍尔德曾这样说："杰奎琳在社会学和神学上表现出的智慧感动了我，我被杰奎琳感动以后，便下决心支持她的丈夫。"戴高乐在见识杰奎琳的智慧之后，这样说道："杰奎琳女士对法国历史的了解程度远远超过了法国本

土的妇女们，她并不介入政治，但又给自己的丈夫赋予艺术和文学支持者的名声，自从认识杰奎琳以后，我对美国更加信任了。”

杰奎琳非凡的智慧当然应该归功于自己的终生学习，即使在自己地位和名声升高的时候，她也不放弃读书。而且，变得更加刻苦地学习，并通过学习来提升自己的文化修养，只能说，她不愧于第一总统夫人。

著名哲学家培根说：“读书足以怡情，足以博彩，足以长才。”这句话深刻形象呈现了书对人的影响力和对人的心灵的塑造。阅读作为语文能力的基石越来越多地受到各界人士的青睐和重视。在阅读中要想取得高分，最重要最有效的就是方法。当然，长时间阅读量的积累，语感和感悟能力的培养，在完成阅读题时是必要的前提和基础，可以减少失分。

知识窗

杰奎琳·李·鲍维尔·肯尼迪·奥纳西斯，美国前第一夫人。1929年7月28日出生在美国纽约，毕业于乔治华盛顿大学。杰奎琳的风格是如此鲜明、充满智慧、富有创造性。从她入住白宫成为肯尼迪夫人，到嫁给亚力士多德·欧纳西斯，到成为一名编辑，杰奎琳在每一个年代都留下了深深的印记，以自己鲜明的性格特征，向世人展示了真实的自我。

励志点金石

伏尔泰说：“读书使人心明眼亮。”

阅读，不仅能扩展我们现在的空间，还能给我们指明未来的方向。读书可以拓宽视野，丰富知识，增长才干，还可以净化心灵，陶冶情操，充实自己的精神世界。一个不读书的人，目光是短浅的，精神世界是空虚的，甚至心灵也会扭曲变形，以至于善恶不分，就好像一个不完整的人浑浑噩噩过日子，自己却觉得潇潇洒洒，实际上是虚度了年华，荒废了自我。

为你支招：女孩如何养成读书的习惯？

1.从读书中感受乐趣

让读书成为一种习惯，有的女孩可能会说："我从早到晚不都是在读书吗？"如果我说："你现在所读的书，如果不考试，你还会读吗？"你会怎么回答我呢？如果答案是否定的，那么说明你还没有养成读书的习惯。有的老师可能会说："我已经读了太多的书，我的知识储备已经足够把我的工作做好了。"如果我说："面对日新月异的时代，面对不断变化的一届又一届新的学生，你有没有过捉襟见肘的困窘？"如果答案是肯定的，那么说明你还没有从读书的习惯中得到生存甚至生活的乐趣。

2.每天坚持读书30分钟

女孩要想丰富自己的知识底蕴，那就要培养每天读书和看书的良好习惯。根据自己的年龄特点和学业任务的轻重，确定每天读书和看书的具体时间。通常情况下，早上起床洗漱后比较适合诵读，诵读时间在30分钟以内，上午、下午或晚间坚持看书，时间也是以30分钟为宜，晚间也不可以超过60分钟。

3.坚持到底

假如时间紧张，确实没有多余的时间用来读书和看书，不过也要发扬坚持到底的精神。确定每天坚持读书或看书的时间，即便是10分钟也要坚持，规定每天必须读书或看书多少页，即便是每天坚持读书或看书10页。女孩一定要监督自己坚持下去，直到自己觉得每天不读书、不看书感到不习惯为止，这就培养了自己认真读书和看书的习惯了。

让图书馆成为你每周必去的休闲处

适用写作关键词：读书　习惯

喜欢读书的三毛

三毛说："如果人生硬要给它分割，那么谁的半生，也是一座七宝楼台，拆来拆去便成了碎片，所见的无非只是一些难以拼凑的颜色和斑纹而已。不拆的话，的确是一座宝塔，我的自然也是，只是那座塔上去不容易，忘了在里面做楼梯，倒是不自觉地建了许多栏杆。20岁，刚刚由一重重的浓雾中升上来，眼前一片大好江山，却不敢快步奔去，只怕那是海市蜃楼。"

在三毛看来，在20岁的年纪，不是自大便是自卑，面对展现在这一个阶段的人与事，新鲜中透着摸不着边际的迷茫和胆怯。而三毛太看重自己的那份"是否被认同"才产生的心态，后来她回忆起来，也觉得可怜亦又可悯。

三毛的大学时代，不过是狂热读书。那个年纪，三毛对于智慧的追求如饥如渴，亦是期待付出和追寻。那时候，同学之间是虚荣的，深觉本身知识的浅薄与欠缺，这使三毛感到自卑，最后同学之间彼此比来比去，比的不是容貌和衣着，比的是谈吐和思想。要是有个同学看了一本三毛尚没有发现的好书在班上说出来，当时个性比较好强的她便会急着去寻找，细心地阅读体会，下星期夜谈时立即给她好看。

三毛当时觉得这真是虚荣，而也因为这份激励和你死我活的争美，读书

成了三毛一生的习惯，但却不再为着虚荣的理由了。本班同学中，在书本上与三毛争得最激烈的，便是而今写出《上升的海洋》与《长夜思亲》的作者许家石。直到后来，三毛依然非常感谢许家石对自己的一番“恩仇”。

回忆自己大学的读书，三毛说：“书本中不得不看的‘直接真理’，使我日后的人生受益极多。”

成功大师拿破仑曾说：“真正的征服，唯一不使人遗憾的征服，那就是对无知的征服。”拿破仑在征服了无知，获得知识之后振兴了法兰西，他用亲身的事迹诠释了那句话。而读万卷书可以让女孩学到许多知识，在未来的人生道路上，这些知识会帮助女孩走过一道一道的沟坎，可以说是一辈子受益。

知识窗

世界读书日：全称“世界图书与版权日”，又译“世界图书日”，最初的创意来自于国际出版商协会。1995年正式确定每年4月23日为“世界图书与版权日”，设立目的是推动更多的人去阅读和写作。希望散居在世界各地的人，无论你是年老还是年轻，无论你是贫穷还是富裕，无论你是患病还是健康，都能享受阅读的乐趣，都能尊重和感谢为人类文明做出过巨大贡献的文学、文化、科学、思想大师们，都能保护知识的产权。每年的这一天，世界100多个国家都会举办各种各样的庆祝和图书宣传活动。

励志点金石

西塞罗曾说：“没有书籍的屋子，就像没有灵魂的躯体。”

大学问家朱熹，曾经提到读书有六法，其中第四法是要切己体察，身体力行，意思就是在告诫女孩，不能死读书，读私塾，而要把读书学习与实践应用起来。所谓“读万卷书，行万里路”，女孩不仅要多读书，更需要将所读的书运用到现实生活中去，这样才能真正地将所学的知识应用到实践。

为你支招：女孩在语文学习中如何做好阅读理解题？

1.适当摘取原文

在回答问题的时候，假如离开了原文那可能谁也答不正确，或者说回答不完全。所以，准确解答阅读题最重要最有效的方法就是在原文中找答案，其实大多数题目在文章里都是能够找出答案。当然，找出的语句并一定可以直接拿来用，还一定要按照题目的要求进行加工，或摘取词语或压缩主干或抽取重点或重新组织。

2.巧取信息

在阅读过程中，其实就是女孩在获取信息的过程，阅读质量的高低有时往往取决于获取信息的多少。在做阅读题时，女孩可以先看看文章的作者、写作时间和文后注释等内容，同时尤其要看一下后面问了哪些问题，从题目中揣摩出文章大概的主旨是什么。假如是小说，则主要从人物、情节等方面入手；假如是议论文，则主要是论点、论据、论证等。

3. 边读边勾画

女孩在做阅读题时需要采用精读的方法，需要逐字逐句地揣摩，所以平时在阅读时养成圈点勾画、多做记号的习惯，你可以先看看题目涉及哪些段落或区域，和哪些语句有关系。当你确定某一个答题区域之后，再认真地弄懂这一段每一句的大意，从而理清段落之间的关系，了解行文思路。假如我们在阅读时反复琢磨，勾画与之相关的内容，那答题时就不用从头至尾去寻找，这可以节约不少时间。

4.巧解题

在汉语中一词多义的现象是很常见的，我们在理解词语中某个字的意思的时候，一定要把它放在这个词语中去理解，也就是字不离词，这样才能准确地理解这个字的意思。对句子的分析理解不能离开具体的语段，不能离开具体的语言环境。假如离开了具体的语段，离开具体的语言环境，那很多句子很可能连自己都不知道是什么意思。

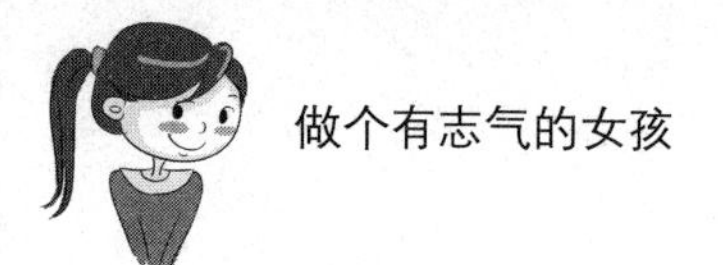

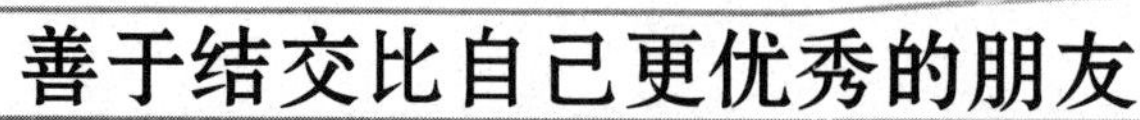

善于结交比自己更优秀的朋友

适用写作关键词：环境　朋友

认识比自己更优秀的人

希拉里早年在卫尔斯利女大读书，在那里聚集着全美成绩优秀的学生，但是，她们并不是全美学习最好的学生，学习最好的学生去了哈佛大学。刚刚进入卫尔斯利大学的希拉里感到了挫败感，自己一直到高中毕业都是周围人眼中的好学生，在学校备受瞩目，但现在却“沦落”为无人理睬的普通学生。不过，希拉里并没有被挫折感击倒，她想用哈佛学子的学习方法来武装自己，使自己成为卫尔斯利的第一名。

但是，哈佛学生一直以排外出名，其秘密学习俱乐部从来不接受外校的学生。于是，为了进入哈佛大学的秘密学习俱乐部，希拉里决定成为这个俱乐部成员的女朋友。过了一段时间，希拉里就成为了哈佛大学三年级杰夫·希尔兹的女朋友，接着她又结识了男友的朋友，没过多久，她就成为了男友所在的“哈佛书呆子俱乐部”的非正式成员。在与哈佛学生的相处过程中，希拉里学会了新的学习方法和辩论方法，正是这一段不寻常的学习经历造就了希拉里最后的成功。

希拉里善于为自己创造一个良好的环境，那就是认识比自己更优秀的人，在泡菜效应的影响下，她获得了成功。当大多数女生都与自己水平相近的朋友

们在一起对明星或者男生、美食或者时尚津津乐道，消磨时光的时候，希拉里却在和哈佛高材生们对政治、理念、时事等各类深刻的问题展开激烈的讨论和辩论。因为所处的环境不一样，于是，她们所受到的影响就不一样，希拉里的特殊能力正是利用这个环境而逐渐积累起来的。

古人曰："近朱者赤，近墨者黑。"当我们接近品性好的人时，可以使我们学好，心中不自觉地萌发出见贤思齐的想法；当我们接近品性坏的人，就很容易变坏。我们生活的环境的就像是一个大染缸，很容易将形形色色的人纳于其中。当我们处于修心重德的环境中，我们就会受到身边人的言行教化，自觉地约束自己，使自己的身心都得到不断的成长；相反，假如我们处在道德颓废的环境中，我们就会受到身边消极观念的影响，随波逐流。

知识窗

希拉里·黛安·罗德姆·克林顿，1947年10月26日出生于美国芝加哥，美国第67任国务卿，前联邦参议员，律师、政治家，美国第42届总统比尔·克林顿的妻子，美国前第一夫人。比尔·克林顿卸任后，她参加了2008年美国总统选举，并曾在民主党总统候选人初选中大幅度领先，但最终败给了伊利诺伊州的联邦参议员贝拉克·奥巴马。奥巴马成功当选后，提名她出任国务卿。

励志点金石

《晏子春秋》里曾说："橘生淮南则为橘，生于淮北则为枳。叶徒相似，其实味不同，所以然者何？水土异也。"

其实，人也一样，容易受到周边环境的影响。女孩与什么人相处，就会沾染上什么样的习惯、品性，而这些行为特点将会影响我们的一生。因此，为了认知自己，我们应该给自己创造一个良好的环境，努力从周围的环境汲取营养，以此提升自我。

为你支招：女孩如何选择朋友？

1.多与同龄人交朋友

现代社会，大多数家庭都是独生子女，虽然，许多女孩能受到良好的教育，但是，如果她们缺乏与同龄孩子的交往，其身心将不能健康成长。女孩在与同龄人的交往中，会遵守共同的规则，学会交往，学会了尊重别人。而且，从其中还可以学到如何与人合作，如何交朋友。

2.不要误导女孩“不要和陌生人说话”

对于青春期女孩子来说，应该学会交际，特别是与陌生人的交际，这是一项生存的法则。因为当她们成年之后，她们会不可避免地会接触到越来越多的陌生人，而在纷繁复杂的社会交际中，轻松与陌生人交流成为了一种本领。许多父母教导女儿“不要和陌生人说话”，其实，有时候会误导了孩子。只是，在这里需要提醒女孩“在与社会青年接触的时候，要提高警惕，对于那些有着不良嗜好、品性败坏的人，最好避而远之”。

3.正确对待与异性交往

由于青春期是求学的黄金时期，某些父母总是担心女儿幼稚、冲动，影响学业，对她结交异性朋友，常常持反对意见，戴着“有色眼镜”，凭主观臆测，给予女孩施加压力，用“早恋”来界定孩子们的这种情感需求，限制孩子与异性交往。青春期女孩子出现对异性的朦胧好感是很正常的，通过与异性的交往认识异性，这也是成长的必经过程。对此，面对父母的猜测，女孩需要坦白：我与他只是普通朋友。并且，与异性朋友保持在普通朋友的范围之内。

4.了解自己的交往需求

在青春期，女孩时而浮想联翩，时而忧心忡忡，这些感情不适合与父母分享，而是选择身边的最好、最安全的朋友。对于女孩的择友只需要坚守简单的底线要求就可以了，比如“带你做坏事的人不能做朋友”、“很自私的人不能做朋友”、“自以为是的人不能做朋友”等。

女孩要积极参与有价值的社交活动

适用写作关键词：积极　交际

不要错过有价值的活动

朱艳艳是上海视点公关公司的总经理，她所建立的人脉网络极其丰富，除了拥有众多的媒体朋友，还有世界500强的公司，如联合利华、三菱电机都是她的客户，她是怎么做到的呢？

朱艳艳在23岁的时候，已经是兰生大酒店的公关部经理了，当时她对自己每天所扮演的角色也很茫然，几乎每天都是在忙碌中度过的，她们需要把中国文化介绍给外国客人，在圣诞节的时候举办餐会，举办各种新闻发布会，工作的跨度比较大。从举办各类宴会到媒体联络，几年的历练使她建立了一张无所不包的关系网。她拥有一大帮记者编辑朋友，娱乐、经济、体育记者一应俱全，还有主持人、明星以及政府部门上上下下的工作人员，这无疑就成为了她人生中的第一桶“金”，那就是人脉的无形资产。

1997年底，惠而浦与上海一家公关公司的合约即将到期，她的一位在惠而浦工作的老板引荐了她，最终获得了这家公司的公关代理权；凭着2001年一手策划的“奥妙新妈妈大赛”，她成为首位获得国际“金鹅毛笔奖”的中国公关人。

朱艳艳的经历告诉我们，参加一些有价值的社交活动，可以为自己积累庞

大的人脉资源网络。这些积累下来的人脉资源，就如同一张人脉存折，会成为你事业成功的基石，也会成为你人生中一笔不可多得的财富。

有的人会觉得自己所置身的圈子过于狭窄，那么开拓人脉圈子的最佳途径，就是打破狭小圈子的限制，走向更大的人脉圈子，而参加一些有价值的社交活动则是有效的途径之一。参加一些有价值的社交活动，可以增加自己曝光的机会，所以尽可能地多参加一些宴会、社团活动，即便是学校内部之间的社交活动，也是把自己推销出去的一个渠道，也是结识朋友的一个机会。

知识窗

世界500强：是中国人对美国财富杂志每年评选的“全球最大五百家公司”排行榜的一种约定俗成的叫法。《财富》世界500强排行榜一直是衡量全球大型公司的最著名、最权威的榜单。由《财富》杂志每年发布一次。2012年、2013年《财富》世界500强排行榜中壳牌石油荣登榜首。中国大陆首次超过日本，成为除美国以外上榜公司数量最多的国家。2013年《财富》世界500强地区分布统计中，中国95家上榜，比日本多33家，名列全球第二。

励志点金石

华盛顿：“真正的友谊是一种缓慢生长的植物，必须经历并顶得住逆境的冲击，才无愧友谊这个称号。”

除了参加学校内部的社交活动，你还可以选择性地参加一些聚会。几乎每个人都参加过聚会，但是参加什么聚会，如何参加聚会，却是一门学问，无论参加什么样的社交活动，都需要有选择性，比如符合你的性格、爱好、目前需求等。同时，当你在参加聚会的过程中，也需要有意识地选择认识一些人，跟什么样的人维持长期的关系，这有助于扩展你的人脉资源。

为你支招：女孩如何交朋友?

1.主动与他人打招呼

女孩应该学会主动与人打招呼，这是与人交往的第一步。女孩一定要养成这种习惯。比如，女孩可以定期地邀请亲朋好友来家里做客，从而让自己体会到做主人的优越感，培养自己与人打交道的兴趣。

2.学会如何与人相处

友好地与人相处，这是女孩交友的前提条件。假如女孩无法友好地与人相处，那么她也很难交到真诚的朋友。学会礼让，学会礼貌用语，学会与朋友们分享，比如快乐的故事、美味的零食、有意义的书籍等。

3.学会欣赏别人

女孩应该明白，学会欣赏别人是交友的关键。试想，一个你只要看见就没有什么好心情的人，怎么可以和他成为朋友呢？所以，女孩从小就要学会欣赏自己的同学、老师、先辈们，身边的亲朋好友，兄弟姐妹等都是孩子们学习的榜样。学会了欣赏，女孩就赢得了别人的尊重。

4.学会尊重别人

学会尊重他人，这是交朋友的另外一个重要的方面。女孩需要记住，不仅需要尊重别人的感情，而且需要尊重别人的风俗习惯、行为爱好，等等。只有尊重了别人，才可能让别人打开自己的情感大门，接纳自己，欣赏自己。所以，女孩从小学会尊重每一个人。

5.学会分辨朋友

女孩交朋友，一定要辨别虚伪、欺骗。尤其当女孩诚心待人的时候，更要学会鉴别，学会选择。生活在这个世界上，因为性格、地域等因素的差异，会有不同的圈子，这也更需要有一定的选择能力。

经历风雨的洗礼，你才能闪闪发光

适用写作关键词：坚韧　勇敢

风雨中走来的女孩

大约在五十年前，一个小女孩诞生在田纳西州那士维市郊。她的身体有严重的缺陷，使她不能像一般人一样走路。虽然她有一个温馨的基督大家庭，可是，当兄弟姊妹在外头享受奔跑和玩耍的乐趣时，她却被支架所限制。父母亲定期带她到那士维接受物理治疗，但那小女孩痊愈的希望仍很渺茫。“我可能像其他小孩一样跑步和玩耍吗？”她问父母。

“亲爱的，你只要相信，”他们回答：“你若相信，神就能叫这事发生。”

她把父母的话放在心中，相信神能使她不必靠支架走路。她常瞒着父母和医生，靠兄弟姊妹的帮助，练习解开支架走路。在12岁生日那天，她当着父母的面前解下支架，不靠别人搀扶，自己在医生的办公室周围绕行。父母看到她这样惊人的变化，感到非常意外，医生简直不能相信她的进步，从此，她不必戴着支架了。

她的下一个目标是打篮球。她继续运用信心和勇气——和她未曾发育的双腿——去参加学校篮球队。教练挑了她的妹妹入队，却拒绝了那勇敢的女孩。她的父亲，一位智慧和慈爱的先生，告诉教练：“我的女儿们是一对。你若要

其中一个，另一个也要接受。”教练只好勉强让她加入。于是她得到一件过期的制服，被允许跟其他队员一起练习。

有一天她去找教练。“你若每天多给我十分钟训练，我就给你一个世界级的选手。”教练笑了，但他知道这小女孩是认真的。他勉强同意多给她一点时间。不久，她的努力便获得了成果。她表现出了不起的运动技巧和勇气。很快地，她成为队上最优秀的球员。

学校的球队打进了洲际锦标赛。比赛中的一位裁判留意到她超群的技巧，问她有没有尝试赛跑。她说没有。那位裁判正是国际知名的拜耳老虎田径俱乐部的教练。他极力鼓励她试试赛跑。于是当篮球季过去，小女孩开始练习跑步。她赢得一些比赛，在洲际大赛中也得到了名次。

16岁那年，她成为全国最佳的年轻选手，被选派参加在澳洲举行的奥林匹克运动会，跑400米接力赛的最后一棒，赢得了铜牌。她对这样的成就并不满意，于是再接再厉，四年后再次参加1960年的罗马奥运会。那一次，维玛·鲁道夫（Wilmna Rudolph）赢得100米短跑，200米短跑，又在400米接力赛中的最后一棒中夺标，为全队赢得胜利。当年她更锦上添花，被选为全美最佳业余运动员，获得极高荣誉的苏利文奖。风雨之后，维玛的信心和努力得到了回报。

知识窗

锦标赛：排名在一定水平上的人才可以参加锦标赛，而且对每个国家的选手数量有限制。锦标赛的地位和奖金、积分等要比公开赛高很多，因为它和奥运会的比赛一样，是这个项目最高级别的个人赛事。亦称“单项锦标赛”、“冠军赛”。运动竞赛的一种。为检查某一单项运动发展情况和训练成绩定期举行的比赛。国际锦标赛由各运动项目的国际组织定期举行。国家锦标赛由国家主管体育运动的机关或各项运动的全国性协会定期举行。

励志点金石

爱默生说："每一种挫折或不利的突变，是带着同样或较大的有利的种子。"

信仰具有无穷的力量，它是一种看不见的力量。只要你追随自己的天赋和内心，你就会发现，生命的轨迹原已存在，正期待你的光临，你所经历的，正是你应拥有的生活。当你能够感觉到自己正行走在命运的轨道上，你会发现，周围的人，开始源源不断地带给你新的机会。在追求自己的信仰时，我们不再是消磨光阴，而是在让时间，闪闪发光。

为你支招：女孩如何开阔眼界、增长见识?

1.不要只读书

一个人一生中，都要读两种书：一是"有字的书"，这就是书本；二是"无字的书"，那就是实地观察和体验。书不能不读，但不能"闭门读书"。只是"闭门读书"，很难摆脱"读死书，死读书，读书死"的境地，所学知识是死的，解决不了任何的实际问题，而你，只能成为"书呆子"，终究是无用的。

2.行万里路

女孩尽管暂时不能独自"行万里路"，但也不能把自己关在家里。女孩要经常到大街上、商店、集贸市场看看，到动物园、植物园、郊野公园、名胜古迹、农村、山区、河边、海边参观旅游，这些活动当成是给自己"上课"。这样，女孩会看到许多见所未见、闻所未闻的新鲜事物和人，可以使自己开阔眼界，增长见识，丰富知识，充实头脑。

3.发展思维的能力

何谓"思维"？就是运用"已经掌握的知识"进行分析、综合、判断、推理。已经掌握的知识便是进行思维的必要材料。老话说："巧妇难为无米之炊。"没有丰富的知识，思维将是无法进行的；知识贫乏，是难以进行周密的思维的。女孩经常到外面走走，看看，会使自己见多识广，储备进行思维的"丰富材料"。

第13章

做感恩的女孩，活出自己的人生价值

什么样的女孩最受欢迎？其实，懂事的女孩最受欢迎。因为懂事的女孩自尊自信，懂事的女孩活泼开朗，懂事的女孩不管是生活还是学习都是秩序井然，懂事的女孩富有爱心，懂事的女孩懂得感恩，懂事的女孩总是自己的事情自己做。生活中，这些懂事的女孩用自己的一言一行践行着最美的品德。

生活总有磨难，感谢折磨你的人

适用写作关键词：感恩　爱

心有感恩，方能成功

在世界纪录中，销售汽车最多的人，是一位名叫乔·吉拉德的汽车业务员，他在一生中卖出的汽车总数高达1 425辆，这个数字让许多同行望尘莫及。但是，在乔依成为汽车销售高手之前，他也过着穷困、负债累累的生活。

当时，经济不景气，乔根本无法顺利找到糊口的工作，因此，家人们经常吃不饱。而每一次，当门铃声响起的时候，一定是债主在门外等着要钱。一天，一位债主又登门讨债，于是，乔只得从家中的窗户爬出去，逃避债主。

乔离开家以后，内心十分痛苦，但这一切没有使乔感到人生的灰暗，反而刺激了他奋起的斗志，他要遏制命运的咽喉，战胜一切的障碍。当他走在街道上，抬头看见一家汽车公司的招牌，他决定要去争取一份销售汽车的工作，乔去应聘了。虽然汽车公司的经理一开始便回绝了他，但是乔仍然不停地向经理说明他的工作能力，在经过了几个小时的努力之后，经理终于同意让乔试一试，不过附带的条件是：乔没有基本底薪与福利，而且他只能赚取销售汽车的佣金。

后来，当乔好不容易邀约到一名客人来公司里面看车时，他的心中只有一个想法，要是这笔生意能够成交，他就可以帮助家人购买许多食物，并且，当

他想到能够看见家人满足与幸福的神情时，他的心中就无比的快乐。因此，无论如何，他一定要全力以赴！没过多久，怀抱着热切期望的乔，终于成功地卖出他的第一辆汽车，从此以后，他开始踏上了销售高手的旅程！

生命中最大的阻力与挫折，往往也能够成为人生最大的动力，对磨难常怀感恩，在人生的低谷时仍能积极进取的人，更容易实现人生的突破。不知你是否发现，名画家们最得意的画作，常常是在他们的生命低谷时期创作的；名作家流传千古的作品，也常常是在人生的低潮时期里写下的。这其中，包括许多登上人生巅峰的成功人士，他们在人生低谷，在磨难重重时，没有对磨难抱怨，没有被磨难打倒，而是常怀感恩之心，从人生的低谷里逐渐向辉煌攀升。

知识窗

乔·吉拉德：吉尼斯世界销售纪录保持者，被《吉尼斯世界纪录大全》誉为“世界最伟大的销售员”的乔·吉拉德从事过擦鞋童、卖报童、洗碗工、搬运工、火炉装配工、建筑工人以及房屋建筑承包商等四十多份工作，他患有严重的口吃，到35岁依然一事无成、穷困潦倒，甚至当过小偷、开过赌场，负债高达6万美元。直到他在位于美国密歇根州一家雪佛兰汽车经销店开始他的汽车销售生涯。15年的时间内他一共售出了13001辆汽车，而且全部是一对一销售给个人。他也因此连续12年荣登吉尼斯世界纪录大全——全世界销售第一的宝座，他所保持的世界汽车销售纪录至今无人打破，被吉尼斯世界纪录大全称为“世界上最伟大的推销员”！

励志点金石

“感谢折磨你的人。”这是最近较为流行的一句话。生活中总有磨难，也总有痛苦。有高潮来临，也会有失落出现。即便生活误解了你，使你遭遇挫折与打击，你也要心有感恩。于磨难处翻身，于低潮时奋起，这不仅是一种乐观向上的人生态度，更是一种对人生深刻的体悟。

为你支招：如何做一个感恩的女孩?

人之一生，登高时，不可以张狂自满；走入低谷时，也不要气馁沮丧；因为，在人生的每一个阶段，都能够重新开始，所以，即便你在最痛苦难熬的时候，也应该牢记光明和美好始终存在，感恩活着的幸运，感谢众多给予你磨难，让你更加坚强的人。

1.不要总要好的东西

在家里，女孩不要总是霸占着好吃的东西，认为自己吃好东西，拥有好东西是理所当然。假如女孩习惯了被给予，只知道索取，那就难以在以后的生活中考虑别人的感受。一个不懂得关爱别人、关爱父母的女孩将来很难成为一个有爱心的人。

2.什么东西来得都不容易

女孩不要认为父母什么都买给自己，那就意味着这些东西来得很容易。女孩应该自己去争取需要的东西，当自己通过一些努力获得的时候，她才会知道什么东西其实都是不容易的。

3.体会生活的不容易

在周末或假期，女孩可以尝试着自己去做义工，或者摆摆地摊，体会生活的不容易。知道挣钱不容易，才会更多地体会到父母的艰辛，懂得节约，懂得感恩，才知道什么东西都是自己努力得来的。

女孩是父母的贴心小棉袄

适用写作关键词：孝顺　爱心

铭记父母的爱

五年前，经过刻苦学习，他以优异的成绩从大学毕业，被分配到远离家乡一百多公里以外的城市。由于年幼时父亲早逝，每个月他都雷打不动地回家看望母亲。当时返乡的车票是由质地较厚的彩色胶纸印刷的，每次，母亲总会要他把车票总给她作为礼物。而他总是笑笑把票递给母亲，不知其意。

后来，母亲每次都会翻翻他的衣袋，只留下那张车票。

几年后，他恋爱、结婚、生子，回家次数减少了。再后来，他担任单位的领导，更忙了，有时甚至半年才回一次家。尤其是他有了专车，没必要再坐长途汽车，不再有车票，母亲也渐渐地不再翻他的衣袋。

十年过去，他成为政府机关的重要领导，一天晚上电话响了，老家的弟弟来长途，说母亲突然脑溢血，生命垂危。一百公里对他来说并不算长途，一个多小时后，他便见到了母亲。这时，他突然发现病榻上的母亲已是白发苍颜，十分衰老、憔悴。匆匆见了一面，天亮时母亲就去世了。

他带着兄弟姐妹们安葬了母亲。在整理母亲的遗物时，他从那只祖传的檀木箱子里翻出了一本泛黄的书，那是昔日母亲用来塞鞋样的。他翻开来惊讶地发现书内竟整齐地夹着一叠车票——他当年每次返乡看望母亲时留下的车票。

他的泪水又一次地涌出，他后悔为什么母亲健在的时候不多回几次家，他回忆这些年的往事忽然意识到，这么多年来，母亲还从未到过他的四室二厅里住过一夜。回城时，他只携带了那叠花花绿绿的车票。

风筝被线牵绊，随线而飞，未必出于本意，而当我们羽翼丰满，仍情愿留守父母身边，则并非是一种牵绊，而是那份牵挂父母的孝心让我们驻足。若我们真的无所牵挂地展翅远飞，总会留有遗憾，抑或是一种悲哀。

不管天下父母的学识、本事有多大的不同，在他们心中，子女都是永远的挂念，是他们的精神支柱。倘若我们不足以支撑起他们的天空，只要我们能让他们的心得到宽慰，也足以表明孝心。

知识窗

政府机关：广义上指中央和地方的全部立法、行政、司法机关。狭义的政府机构仅指中央和地方的行政机关，即依照国家法律设立并享有行政权力、担负行政管理职能的那部分国家机构，在我国，亦称为“国家行政机关”。

励志点金石

孟郊说：“谁言寸草心，报得三春晖。”

一颗赤子之心足以温暖父母，一时的洒脱能带给父母长久的慰藉，未必光宗耀祖才是大孝，未必攀爬到顶峰成为声名显赫的伟人才是真孝。做一个平凡的人一样可以让父母的心得到宽慰，倘若你能用心扫去父母的苦闷，排除他们的忧愁，更能让他们从心底发出笑声。

为你支招：如何做父母的贴心小棉袄？

天底下最无私的人，就是自己的父母。亲情是生活中永恒的彩虹，不管生活因金钱、工作等产生变故，父母的关爱总是最靓丽的一抹颜色。

1.尊重父母

孝顺父母，首先从尊重开始。当父母在说话的时候，不要顶撞父母，更不要动不动与父母生气。每天出门上学之前，跟父母打招呼：“妈妈，我走啦！”晚上回家，也需要跟父母打招呼：“妈妈，我回来了！”

2.理解父母的艰辛

现在的女孩，大多数不知道父母赚钱辛苦，而父母总觉得女孩太小，也不会太多说自己工作的事情。这时女孩可以主动询问父母的工作情况，体会父母赚钱的辛苦与不易。了解到父母的情况之后，就会知道合理消费，而不是一看见自己喜欢的东西就找父母要钱买，不买就跟父母闹，从而更加珍惜现在的生活，从心里产生对父母的尊敬和感激。

3.从生活小事开始

女孩需听从父母教导、关心父母健康、分担父母忧虑、参与家务劳，将这些事情变为自己在日常生活中的一种习惯性行为，女孩应该从日常小事做起。比如饭后女孩主动收拾碗筷、自己的衣服自己洗、自己的房间自己收拾等。只要是女孩力所能及的事情，都应该自己去做，通过经常锻炼，自然形成良好的习惯。

4.以父母为榜样

女孩的模仿力与观察力都很强，父母对长辈是什么样的态度，孩子对父母就会是什么样的态度，当然，学习父母良好的行为，始终要懂得尊老爱幼，将父母正确的行为作为榜样。在父母的耳濡目染、潜移默化中，女孩渐渐逐步养成尊敬长辈、孝敬父母的好习惯。

正直、诚实是女孩隐形的财富

适用写作关键词：真诚　诚实

在冠军与诚实中选择

在华盛顿举办的美国第四届全国拼字大赛中，南卡罗来纳州冠军——11岁的罗莎莉·艾略特一路过关，进入了决赛。当她被问到如何拼“招认”（avowal）这个字时，她轻柔的南方口音，使得评委们难以判断她说的第一个字母到底是A还是E。

评委们商议了几分钟之后，将录音带倒带后重听，但是仍然无法确定她的发音是A还是E。解铃还得系铃人。最后，主评约翰·洛伊德决定，将问题交给唯一知道答案的人。他和蔼地问罗莎莉：“你的发音是A还是E？”

其实，罗莎莉根据他人的低声议论，已经知道这个字的正确拼法应该是A，但她毫不迟疑地回答，她发音错了，字母是E。

主审约翰·洛伊德又和蔼地问罗莎莉：“你大概已经知道了正确答案，完全可以获得冠军的荣誉，为什么还说出了错误的发音？”

罗莎莉天真地回答说：“我愿意做个诚实的孩子。”

当她从台上走下来时，几乎所有的观众都为她的诚实而热烈鼓掌。

第二天，有一篇报道这次比赛的短文：《在冠军与诚实中选择》。短文中

写道，罗莎莉虽没赢得第四届全国拼字大赛的冠军，但她的诚实却感染了所有的观众，赢得了所有观众的心。

“子曰：人而无信，无知其可也”。古往今来的伟人或社会精英莫不是以诚信为本，所以才能实现人生的辉煌。人年轻时要注重积累知识和财富，同样也要注重德行的修炼。诚信是人生最大的美德，它像一根小小的火柴，燃亮一片心空；像一片小小的绿叶，倾倒一个季节；像一朵小小的浪花，飞溅起整个海洋。

知识窗

华盛顿哥伦比亚特区（Washington D.C.），简称为华盛顿，美利坚合众国的首都，靠近弗吉尼亚州和马里兰州，位于美国的东北部、中大西洋地区，1790年作为首都而设置，由美国国会直接管辖的特别行政区，因此不属于美国的任何一州。华盛顿是美国的政治中心，因此经济色彩不浓，是大多数美国联邦政府机关与各国驻美国大使馆的所在地，也是世界银行、国际货币基金组织、美洲国家组织等国际组织总部的所在地，还拥有为数众多的博物馆与文化史迹。

励志点金石

林肯说得好：“正直并不是为了做该做的事而有的态度，正直是使人快捷成功的有效方法。”

正直诚实是一个人必备的品格。做一个正直诚实的人，不分长幼，不分性别。正直诚实是一笔无形的财富，它能够使你赢得别人的尊重，从而走向成功。

为你支招：如何做一个诚实的女孩?

1.对自己有行为规范的要求

女孩对自己要有行为规范的具体要求。不要说谎，光嘴上说说是不行的，让自己按诚实的标准来严格要求自己，自觉养成良好的习惯。因此，针对自己的实际情况，提出“几要几不要”的具体要求，比如不拿人家的东西，不讲假话，不编瞎话，不说大话，不谎报成绩等。

2.养成说实话的习惯

即便女孩有了什么过错，当如实向父母汇报之后，父母在处理上应明显和处理说谎时不同。或许说实话要被父母批评，但是，即便被批评，也要说实话，这样自己才能明是非，辨善恶，勇于改正错误，才是成长中最大的益处。

3.接受诚实品质的教育

在课余时间，多看看有益的书籍，明白诚实的品质对人的发展多么重要，做人不诚实会带来什么严重的后果。女孩要坚信， 弄虚作假、坑蒙拐骗是社会的蛀虫，一定会受到惩罚。而一个诚实的女孩，自己有了缺点、错误就要勇敢承认，接受批评和自我批评，决不隐瞒、欺骗。

你敬人一分，人敬你一丈

适用写作关键词：友好　和谐

以人为镜

同学之间彼此不和，惊动了老师。

一天上课时，老师给每人发了一张纸条，要求全班同学以最快的速度，写出他们所不喜欢的人的姓名。

有些同学在30秒之内，仅能够想出一个，有的同学甚至一个也想不出来，但是另外一些学生却能一口气列出15个之多。

老师将纸条逐一收上来，然后进行统计分析，结果发现，那些列出不喜欢的人数目最多的，自己也正是最不受众人所喜欢的，而那些没有不喜欢的人，或者不喜欢的人很少的同学，也很少有人讨厌他。于是，老师得出一个结论：大体而言，他们加诸别人的批判，正是对他们自身的批判。

人际间的交往很微妙，就像照镜子一样，你敬他一分，他就敬你一分。就像毛泽东说的，人不犯我，我不犯人，人若犯我，我必犯人。他人对你的态度，反映了你的品格。当你喜欢别人时，别人也可能会接纳你；但是当你不喜欢别人时，别人也可能不会接纳你。你对别人怎样，别人也会对你怎样。

知识窗

批判：对被认为是错误的思想或言行批驳否定，批判错误言行。

批示判断；

评论、评断；《朱子语类》卷一：“而今说天有个人在那里批判罪恶，固不可；说道全无主之者，又不可。”

对所认为错误的思想、言行进行批驳否定；郁达夫《迟桂花》：“我对于我刚才所触动的那一种自己的心情，更下了一个严正的批判。”

励志点金石

佛家也常说：种什么因得什么果。

你想让别人怎么对你，你就应该怎么对别人。比如，你在日常生活中给他人一个灿烂的微笑，那么他人也会回报你一张灿烂的笑脸。这个微笑无论是对于认识的人还是不认识的人，都有同样的效果。同样，你以礼貌的话语问候师长、同学、朋友，师长、同学、朋友也会以相应的方式回报与你。我们可以这样说，任何用以展现你关爱的形式，只要你付出，最后都会以关爱的不同的方式回到你身上

为你支招：女孩如何处理好与同学之间的关系？

1.学会关心他人

学会关心别人，热心为班级、为同学做事。少说话多做事，虽然并不时髦，但往往是能够得到人们的赞许和尊重的一个绝好行为。

2.微笑待人

一个微笑包含的意义有很多：招呼示意，原谅理解，激励赞赏……所以不要吝啬微笑。往往微笑的人会给人一种轻松的感觉，严肃的人会使别人感到压力，微笑的人常常会给别人带来快乐。

3.宽以待人

在与同学交往的时候，不要过于挑剔对方的不足，因为每个人都有自己的长处和短处，当然也包括你自己。所以对人要宽容，要谦虚，得理要让人。

4.尊重他人、坦诚待人

对朋友充分信任，信任是友谊的基础，如果你不信任别人，自然会在交往中给人一种虚假不真实的感觉，别人就会感受到交往中的不平等，友谊自然不会持久。

5.用你所喜欢被对待的方式对待别人

这是一条人际交往的黄金法则，这一条非常重要！非常管用！如果你这么去做了，那么就会有同样的回报。女孩，你需要记住：将心比心，是最容易被别人接受的。

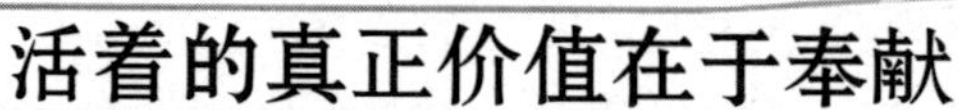

活着的真正价值在于奉献

适用写作关键词：乐于助人　爱心

活着就是为了使别人生活得更好

一连好几年，小个子守墓人每星期都收到一个不相识的妇人的来信，信里附着钞票，要他每周给他儿子的墓地放一束鲜花。

后来，有一天，一辆小车开来停在公墓大门口，司机匆匆来到守墓人的小屋，说："妇人在门口的车上，她病得走不动了，请你去看一下。"

一位上了年纪的孱弱的妇人坐在车上，表情有几分高贵，但眼神已哀伤得毫无光彩。她怀抱着一大束鲜花。

"我就是亚当夫人，"她说，"这几年我每礼拜都给你寄钱买花。"

"我一次也没忘了放花，夫人。"

"今天我亲自来，"亚当夫人温和地说，"因为医生说我活不了几个礼拜了。死了倒好，活着也没意思了。我只是想再看一眼我的儿子，我想亲手来放这些花。"

小个子守墓人眨巴着眼睛，没了主意。他苦笑了一下，决定再讲几句。

"我说，夫人，这几年您老是寄钱来买花，我总觉得可惜。鲜花搁在那儿，无人闻，无人看，太可惜了！"

“你真这么想？”

“是的，夫人，您别见怪。我是想起来自己常跑医院孤儿院，那儿的人爱看花也爱闻花 。那儿都是活人。可这儿墓里哪个活着？”

老妇人没有作答。她只是又小坐了一会儿，默默祷告了一阵，没留话便走了。守墓人后悔自己的一番话太率直，这会使她受不了的。几个月后，这位老妇人又忽然来访，守墓人惊得目瞪口呆，这回她是自己开车来的。

“我把花都送给那儿的人们了，”她友好地向守墓人微笑着，“你说得对，他们看到花可高兴了！我病好了，医生不明白是怎么回事，可我自己明白，我觉得活着还有些用处！”

知识窗

守墓人：看守、管理坟茔墓地的人。一个家族，往往会把逝世的亲人埋葬在一个地方，既便于祭奠，又便于管理。守墓人就是坟墓的最高权威。守墓人多是与家族血缘远些的孤寡老者，黑衣黑裤，沉默而瘦削，也许长期在墓园吸纳朝雾和夕辉，总给人阴气弥漫的感觉。守墓人的生活费用，均由家族供给，他主要的工作有两样，一是打扫墓园，清理杂草，种植花木；二是守夜，防止盗墓贼和野兽打扰先灵。

励志点金石

雷锋说：“自己活着，就是为了使别人过得更美好。”

人生的活法多种多样，只有自己活着还对别人有些用处的活法，才有人生的价值，才活得最精彩。世人常问，人活着价值何在。其实，真正的价值在于奉献，在于手捧鲜花献给需要的人。

为你支招：女孩如何活出自己的价值?

1.应该学会关心父母

在一个温馨的家庭里，成员之间是需要互相关心的，特别是为我们操心的父母。在父母面前，我们不需要掩饰自己的关爱之情：餐桌上，在夹菜的同时不忘给父母也夹一筷；出门前不忘给妈妈送上一个拥抱；和妈妈外出购物的时候，也不忘记提醒妈妈给爸爸捎带礼物回家；切西瓜的时候，妈妈偶尔不在，总是与爸爸商量着把剩下的一半留给妈妈。总而言之，在日常生活中，我们要处处给父母以关心，温暖他人也温暖着自己。

2.学会与他人分享

在家庭生活中，父母常常宁愿亏了自己也不愿意怠慢了我们，通常把好吃的、好玩的、好用的都放到我们面前。这时候，我们应该主动学会与他人分享，请父母分享，即使父母推辞，我们也要坚持下去，将自己的关心送给父母。时间长了，关心他人的信念就扎根在心底了，无论面对谁，我们都会乐于将自己的好东西拿出来一起分享。

3.主动向父母了解生活的真实情况

父母担心我们受苦受难，担心我们遭受挫折，尽管他们面临着生活的许多曲折和坎坷，尽管他们有许多不快乐和不稳定的情绪，但他们总是竭力在我们面前保持平和。因此，我们应该主动向父母了解生活的一些真实情况，与父母建立朋友关系，学会承担他们的一些喜怒哀乐。

4.学会做一些力所能及的事情

大多数女孩都有“衣来伸手，饭来张口”的坏习惯。其实，我们只有学会做一些力所能及的事情，才知道关心他人，一般情况下，乐于助人是培养出来的。所以，我们不仅要树立这样的观念，还需要付诸实际行动，逐渐去做一些自己能做的事情。比如，当劳累一天的父母回到家时，我们可以为他们盛饭、放置碗筷，饭后收拾碗筷，将剩菜放进冰箱里。

第14章

做情绪的主人，聪明女孩要掌控自己的生活

作为一个聪明的女孩，要时时控制好自己的情绪，要做自己情绪的主人。无论在生活还是学习中，聪明女孩都以积极的心态去面对，她们懂得心态要平和，懂得放松和休息，能够让不良的情绪得到很好的控制，这样才会让生活变得简单，让快乐无处不在。

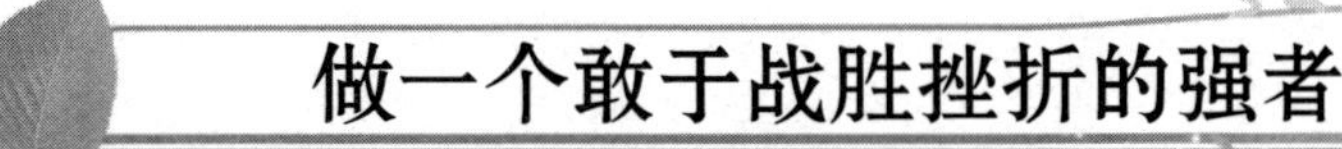

做一个敢于战胜挫折的强者

适用写作关键词：勇敢　坚韧

疯狂英语——李阳

疯狂英语的创始人李阳，他的英语不是说出来的，而是喊出来的。李阳在读大学时，英语成绩一塌糊涂，尤其是听力和口语。一次，李阳被老师叫起来回答一个简单的问题，李阳知道这个问题的答案，可就是说不出来。于是他对老师说："我可以写在纸上再给你看吗？"同学们都哄堂大笑。老师生气地说："这么简单的句子都说不出来，你还是大学生吗？"接着老师又转过身去对同学们说："如果你们不好好学习口语就像李阳这样。""就像李阳这样"，这句话深深地伤害了他。从那时起，他就下定决心，非要把口语练好不可！

于是，他想到了一个办法，开始练习英语。他每天早晨坚持到学校后面的小山上去练习口语，练习的时候，不是说，而是大声地喊出来，更让人不可思议的是，他的嘴里竟然含着石头。李阳认为，口语不好，主要是两个原因：一是胆子小，不敢说；二是，发音不准，说出来别人也听不清楚。喊英语，能练胆子；含石子，能练发音。就这样，李阳坚持不懈地练口语，风雨无阻。遇见熟人，也不怕别人耻笑，即使别人骂他疯子，他也不在乎。

功夫不负有心人，奇迹出现了，三个月后，李阳不仅能流利地回答出英

语老师的问题，甚至还为老师纠正部分错误的发音。时至今天，“李阳疯狂英语”成了英语学习产品当中最响亮的一块牌子。

生活绝不会怜惜失败者，在挫折面前，勇者进懦者退。人生的成功属于失败中坚持崇高理想的强者。自信的树立与巩固，与人生的不断收获是分不开的。自信不是天生的，也不是想达到什么程度就达到什么程度，当人们在具体的职业上，经过不断地学习，增添了新的智能并在实践中加以良好的运用，而不断取得新的成效有所进步、有所发展时，自信心就会不断地提升，并长此以往，形成一种自觉的心理态势，达到“自信人生两百年，会当击水三千里”的境界。

知识窗

李阳疯狂英语：李阳疯狂英语是疯狂英语创始人李阳老师创办的专业英语培训机构。李阳老师专门指派疯狂英语教学专家对学校进行教学质量管理和教师培训。李阳疯狂英语学校以一流的专业口语培训为龙头，在教学中坚持以“李阳疯狂英语快速突破法”和“李阳疯狂英语Emax 课文快速背诵法”为教学两大法宝，开设了三大类王牌课程，即：1.世界公认的一流的口语培训；2.李阳疯狂英语Crazy Baby少儿英语专业培训；3.李阳疯狂英语口语强化集训营。

励志点金石

“此路艰辛而泥泞。我一只脚滑了一下，另一只脚因而站不稳；但我缓口气，告诉自己：‘这不过是滑一跤，并不是死去而爬不起来。’”林肯在竞选参议员落败后如是说。

一个人所能犯下的最大错误，就是他害怕犯下错误。只要你不放弃尝试，不断地尽自己最大的力量，你便是在创造成功。假使你没有获得你想要的成果，你就将其视为一个不理想的结果，而不是失败，然后从中学习，改进你的行为再试一次。

为你支招：女孩如何克服考试的紧张心理？

1.以平常心看待考试

有时候，女孩心中的紧张压力是来自于自己，总会担心这次考差了怎么办，实际上就是变相地给自己一些压力。这时女孩要善于自我鼓励，不要表现出担忧或忧虑，一定要表现出对自己很有信心。即便没有考好也没关系，只要尽力就可以了。

2.合理安排复习训练和应试技巧

女孩遇到考试时，难免会手忙脚乱，根本不懂得如何复习，也不懂得如何来处理在考试过程中出现的问题。这时候女孩可以向父母求助，合理安排复习训练和应试技巧。复习主要考试的科目，有目的有规划地进行复习，比如多一些算术练习，温习以前所学过的拼音和汉字。另外，还需要掌握一些应试技巧，比如，在考场要保持安静，自己写自己的，不要偷看旁边的小朋友，这是作弊的行为；遇到卷子上实在搞不清楚的问题，你可以选择不填或者随便蒙一个；认真仔细地阅读每一道题的要求，算术要准确，拼音汉字要写规范，等等，这样一些应试技巧会帮助自己克服紧张的心理。

3.模拟考试，减轻忧虑

在考试之前，女孩可以进行一场模拟考试。让自己在规定的时间内完成数学、语文等相关学科的考试，并且告诉全部是独立完成的。当女孩进行了一次模拟考试，她就会觉得这跟平时做练习差不多，因此就会放松紧张的心理，以平常心来面对考试。

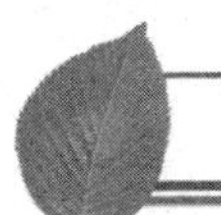

把失败的经历变成你的垫脚石

适用写作关键词：自信　勇气

失败并不是一件坏事

1950年夏天，李嘉诚开始了他叱咤风云的创业之路。几次成功以后，他就急切地去扩大他那资金不足、设备简陋的塑胶企业，于是资金开始周转不灵，工厂亏损愈来愈重。仓库开始堆满了因质量问题和交货延误而退回来的产品，塑胶原料商开始上门催讨原料费，客户纷纷上门寻找一切借口要求索赔。

从做生意开始就以诚实从商、以稳重做人处世的李嘉诚这一次付出了极其惨重的代价。这种代价几乎将李嘉诚置于濒临破产的境地。像任何身处逆境的强者一样，李嘉诚经过一连串痛定思痛的磨难后，开始冷静分析国际经济形势变化，分析市场走向。

1957年，咬紧牙关走出绝境的李嘉诚开始了他的一系列别具新意的“转轨”行动：生产既便宜又逼真的塑胶花。这在当时的香港还是一个“冷门”。经过李嘉诚的努力，通过采取各方面的促销和广告活动，塑胶花开始引人注目起来，为香港市民所普遍接受。

重新开辟出一条道路的李嘉诚，在渡过危机之后，渐渐地走上了稳定发展的道路。

人要想干出一番惊人的业绩，一定要具有面对失败坦然自如的积极态度，千万不可一遭受挫折便落荒而逃。否则，你永远都会与成功无缘。容忍失败，这是人们可以学习并加以运用的极为积极的东西。人人都有失败。所不同的是：在失败面前，弱者一味痛苦迷惘，畏缩不前；强者却坚持不懈地追赶失败后的成功。面对失败，不要向失败低头示弱，而应该昂首挺胸，乘风破浪。失败的原因很多，但是，无论什么样的失败，只要你跌倒后又爬起来，跌倒的教训就会成为有益的经验，帮助你取得未来的成功。

李嘉诚，出生于1928年7月29日，汉族，广东潮州潮安人，祖籍福建莆田，长江实业（集团）有限公司及和记黄埔有限公司董事局主席。自从1999年被福布斯评为全球华人首富以来，连续15年蝉联华人首富宝座。2011年，李嘉诚工夫茶传奇故事入选国家孔子学院汉语外教文章。2014年《福布斯》杂志公布的全球富豪排名，李嘉诚的净资产总值高达310亿美元，蝉联亚洲首富，全球排行第20位。

励志点金石

洛克菲勒这样说道：“与有些人不同，我把失败当作一杯烈酒，咽下去是苦涩，吐出来的却是活力。”

失败是一种学习经历，你可让它变成墓碑，也可以让它变成垫脚石。事实上，没有什么失败，失败仅仅存在于失败的人心中，只有屡败屡战的人才是真的英雄，才能真正享受成功的喜悦。失败是一所最磨炼人的大学，从失败中学到的东西更为可贵！

为你支招：女孩如何看待学习中的挫折？

1.多角度看待挫折

正确看待挫折，要善于开阔自己的视野，以宽阔的胸襟，从不同的角度去看待、观察事物。正如诗中所说“横看成岭侧成峰，远近高低各不同”，对待挫折也是一样，不同的目标，不同的角度，会产生不同的结果。有的女孩在一次考试失败后就一蹶不振，下一次她一样失败；有的孩子面对鲜红的分数，能够勇敢面对，最终获得了成功。在我们生活或学习中遇到的挫折，放眼看去，它不过是我们漫长生命历程中一个微不足道的黑点，我们没有必要陷入到失败的痛苦中去，而是应该吸取教训，努力向前走，“失败乃成功之母”，从哪里失败就应该从哪里爬起来。

2.增强自信心

如果女孩擅长某一方面，就会在这一领域里有着充分的自信，这可以帮助自己更好地面对来自其他方面的挫败感。在学习方面，女孩要善于发现自己的优势，最大限度地发挥自己的长处和优势，努力表现自己，体现自身价值。当女孩在自己所擅长的某方面体验到成功，看到了希望，就能帮助自己找回丢失的信心。

3.善于调节心理

女孩可以学习一些缓解心理压力的常识与小窍门，这样便于自己在遇到挫折时自我调节。比如，当我们出现紧张、畏惧的情绪时，提醒自己深呼吸几次，忘记这是在比赛，把比赛当作自己日常生活中的一项运动，并以放松的心态来迎接挑战等。而且，通过调节心理来合理宣泄心理压力，这样能有效控制“输不起”心理。

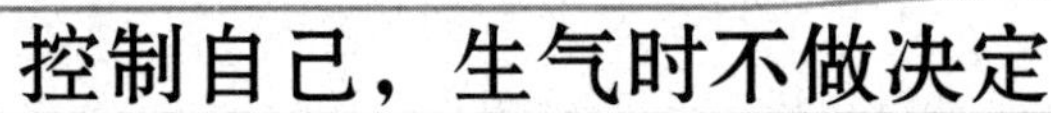

控制自己，生气时不做决定

适用写作关键词：情绪　自制

别在盛怒之下做事情

有一天，国王到森林中去打猎，许多文官武将跟随其后。国王的手腕上站着一只强悍威武的老鹰，只要国王一声令下，它就会飞向云端，向下四处寻找猎物。

这天，国王的运气并不好，他与大家走散了，天气又很热，国王觉得十分口渴。终于，国王发现有一些水沿着一块岩石边缘滴流下来。

国王从马背上跳了下来，从袋子里取出一个小银杯，将它拿去盛接那慢慢滴落下来的水珠。国王花了很长时间才将杯子装满，他迫不及待地把嘴凑到杯边。就在这个时候，突然天空中传来呼呼的声音，接着他的杯子就被打翻了。国王抬头一看，原来是他养的老鹰。

国王捡起杯子，又继续接落下的水滴。就在杯内的水才半满的时候，他就把杯子举到嘴边。但是，在杯子碰到他的嘴唇之前，那只老鹰又再一次打翻了杯子。这下子，国王真生气了。

他大声吼叫着："如果你再来，我要把你的脖子砍断！"

然后，他又拿杯子盛水。但是，在他预备要喝水之前，老鹰又冲下来。愤怒的国王拔出剑刺中了它，可怜的老鹰倒在了血泊中，国王的杯子掉进了

岩缝中。

国王只好继续向前走，他想找到水的源头。后来，他终于找到了一个积水的池塘，在水池里有一条死去的巨大的毒蛇。他顿时明白了，哭喊道：“我的老鹰救了我，它是我的朋友，而我竟然把它杀掉了。”

他又艰难地回去，找到老鹰的尸体，把它厚葬了。从此以后，当他再发怒时，就告诫自己：永远别在盛怒下做事。

人的情绪极度激动之时，尤其是愤怒的时候做出来的决定往往不太理智，事后人们往往追悔莫及，却为时已晚。遇事沉着冷静，任何时候都是有百益而无一害。记住，永远不要在盛怒下做任何事情。

知识窗

打猎：原始社会人类为了获取食物，不得不想方设法猎取野兽。很多原始部落甚至选择“狩猎联盟”的方式进行狩猎果腹。当农业和畜牧业充分发达足以满足人类需要的时候，打猎活动就具有了多方面的意义。可以练兵，可以娱乐，甚至可以选拔人才。

励志点金石

约翰·弥尔顿：“一个人如果能够控制自己的激情、欲望和恐惧，那他就胜过国王。”

有时候，情绪不仅是心灵健康的庇护神，而且，它在我们决胜的关键时刻也异常重要。在现实生活中，面对不同的环境，不同的对手，有时候，我们采用何种手段并不重要，而是控制好自己的情绪才是至关重要。每个人都有自己的情绪，而情绪是一种抓不住的东西，在很多时候，它令我们捉摸不定。但是，不管情绪如何难以琢磨，我们都应该努力控制好它，保持平静的状态，以此保持心灵健康。

为你支招：女孩如何成为控制情绪的主人？

1.养成良好的生活习惯

良好的生活习惯可以避免因生理因素而导致产生的消极情绪，同时还能够提高女孩的自信心和自豪感。在养成良好生活习惯的过程中，主要以兴趣为主，只有当女孩对某件事情产生兴趣之后，这样养成的生活习惯才有效果；当然，好习惯并不是一次就能养成的，女孩需要多次重复，逐渐养成好习惯。

2.学会用语言来表达自己的情绪

很多时候，女孩不懂得用语言来表达自己的情绪，只是用哭闹来显示出自己情绪，以至于父母会认为女孩"坏脾气"。其实，学会用语言来表达自己的情绪非常重要，这样有助于与父母展开有效的沟通，避免产生误解。一旦产生了消极情绪，女孩要学会说出自己内心的不快，让自己的情绪得到发泄，也可以在父母的帮助下找到一个解决问题的方法。

3.学会全面评价自己

随着年龄的增大，女孩已经具备了分析事情因果关系的能力，这时候，女孩需要知道事情"怎么做"，而且知道"为什么这么做"，并建立一套行之有效的行为准则，作为评价自己、判断自己行为的依据，以此来增强我们的情绪的自制力。

4.学会控制自己的小脾气，做情绪的主人

女孩可以在父母那里学会一些控制情绪的方法，以防止消极情绪带来的不良行为。比如，在自己要发小脾气的时候默数"1、2、3……"或者默念"我不生气，我能管住自己"，这样做能暂时缓冲我们的不良情绪，继而抑制去做冲动事情的念头。

能控制住自己的人，才能掌握命运

适用写作关键词：自制　自信

自制力是人生的方向舵

抽烟的人都知道，一旦上瘾，再想戒掉是很不容易的。

盖迪曾经是个大烟鬼，烟抽得很凶。有一次，他开车去度假、经过法国，天公不作美下起大雨，他的汽车又抛锚了，只好在附近小镇上的旅馆过夜。吃过晚饭，疲惫的他很快就进入了梦乡。

凌晨两点，盖迪醒来，他想抽一支烟。打开灯，他自然地伸手去抓睡前放在桌上的烟盒，不料里头连一支也没有了。他下床搜寻衣服口袋，毫无所获。他又打开装行李的箱子翻来覆去地找，希望能发现无意中留下的一包烟，结果又失望了。那就去买一盒，盖迪穿上衣服来到旅馆门外，这时候，旅馆的餐厅、酒吧早关门了。雨还在下个不停，街上一片凄清，所有的店铺都已经打烊了。唯一的办法就是冒雨到自己停在几条街外的车里去拿。

越是没有烟的时候，想抽的欲望就越大。有烟瘾的人都有这种体验。

盖迪打算去自己的车里拿烟，想起帽子忘在房间里了，它至少还可以遮遮雨。他回到房间，刚准备拿帽子时，他突然停住了。他问自己："我这是在干什么？"

盖迪坐在床边寻思，一个有教养的人，而且是相当成功的商人，一个自

以为拥有理智的头脑的人，竟要在三更半夜离开旅馆，冒着大雨走过几条街，仅仅是为了得到一支烟。这是一个什么样的习惯，这个习惯的力量难道那么强大？

不一会儿，盖迪下定决心——决定戒烟。他站起来使劲地伸了个懒腰，然后把那个空烟盒揉成一团扔进了纸篓，脱下衣服换上睡衣回到了床上，带着一种解脱甚至是胜利的心情进入了梦乡。至此，盖迪一生中再也没有碰过一支香烟。他就是闻名世界的美国石油大亨——保罗·盖迪。

自制力是人生的方向舵，使你的人生之舟避开暗礁、漩涡，永不覆灭。能控制住自己的人，才能掌握自己的命运。也许当自制力从你的心中崛起时，就将远离往日的欢乐；但请你相信，自制力是个人成功的必要条件。当我们面临诱惑时，要用理智的头脑来分清楚孰是孰非，再做出正确的选择。

知识窗

烟瘾：瘾即产生依赖的意思，烟瘾就是对烟产生依赖，也叫尼古丁上瘾症或尼古本依赖症，是指长期吸烟的人对烟草中所含主要物质尼古丁产生上瘾的症状。抽烟可导致肺癌等多种疾病。

励志点金石

陈懿：“人生路上的种种诱惑，都是防不胜防的。当它们就如细菌一般无孔不入，腐蚀你的生命之树，让你陷入万劫不复之中。”

自制力，就是一个人控制自己思想感情和举止行为的能力。人区别于动物的根本点之一，就在于人是有思想的，因而可以按照一定的目的，理智地控制自己的感情和行动。

为你支招：女孩如何提升自己的自控力？

1.寻找榜样

女孩应该为自己寻找一些榜样，比如一些名人、喜欢的卡通形象、喜欢的作者、同学、家庭中的成员等。将他们自制力较强的故事讲一讲，适时向父母咨询一些希望和建议，鼓励自己向榜样学习。

2.制定规则

制定一些规则，用来约束自己。让自己持之以恒地执行，对于自己自制力的培养很有意义。这些规则可以涉及生活、学习、卫生方面等。规则不宜太多，也不要太过于详细，否则会压抑自己的探索欲望。对于适用的规则，要坚决、严格地执行。

3.有耐心

女孩在培养自己自制力时一定要有耐心，或许刚开始是比较困难的，但只要坚持下去，那就会真的控制自己。培养自制力要从日常生活小事做起，慢慢磨炼，如是早起还是赖床，这就需要女孩要有足够的坚持与耐心。

让自己获得克服恐惧的力量

适用写作关键词：勇敢　自信

克服心中的畏惧

琼斯是明星报的年轻记者，见人做事多少还显得羞怯怕生。

有一天，报社新闻采访部的上司交给琼斯一个任务："你去采访一下大法官布兰代斯吧！"琼斯大吃了一惊，说道："要我去采访大法官布兰代斯？人家根本就不认识我，又怎么肯单独来接见我呢？"

"你不去试试又怎么知道人家不肯接见你？"新闻采访部的上司显然有些生气了，"年轻人，你必须学着独立行动才行，否则永远也成长不起来的！"

说完，新闻采访部的上司就摸起电话拨了一串数字："喂，请问是大法官布兰代斯秘书处吗？我是明星报的新闻记者琼斯（站在旁边的琼斯惊讶得张大了嘴巴），有一篇稿子想去采访大法官先生，不知道是否可以安排接见一下？"

只听电话那一端愉快地答应了："好的，那就安排在今天下午吧……"

放下电话，新闻采访部的上司拍着琼斯的肩膀说："喏，我已经给你预约好了，是下午一点十五分，你记得按时过去！"

接下来的新闻采访，琼斯进行得非常，而且稿子也写得特别好。后来，琼斯不止一次地对人说道："也就是从那个时候开始，我学会了单刀直入的做

法，虽然做起来不太容易但却十分有用。因为，只要一次克服了心中的畏怯，那么下一次也就容易得多了。”

现代心理学家发现，人与动物之间最大的差别在于，人对不存在的东西会产生恐惧——他们自己也对这种现象感到奇怪，因为他们不知这种恐惧从何而来。生活中许多恐惧都是因为我们对未知的不了解，但是不了解不代表我就不能够做到，为了成功我们要做各种不同的尝试，“为了实现完满的人生，需要我们做的第一件事情就是去获得控制恐惧的力量。”

知识窗

新闻采访部：是在新闻中心所属原政文部的基础上调整、充实组建的，承担中央电视台的政治、外事外交、经济、科学技术、社会发展等方面的新闻采访报道工作。

励志点金石

“想象困难做出的反应，不是逃避或绕开它们，而是面对它们，同它们打交道，以一种进取的和明智的方式同它们奋斗。”

女孩一定要克服畏惧的心理，面对问题时只想如何去处理，因为无论如何任何困难都不可能带给你安慰，那是你生活的绊脚石。但是如果你选择去战胜的话，你便是生活的强者，太阳下的英雄。

为你支招：女孩如何克服社交畏惧?

1.培养积极主动的交往态度

女孩的交往态度直接影响其交往能力的发展，女孩从小就会有一种喜欢与人交往的态度，即便是她在交往中遭遇了挫折，她也能很快地愈合。所以，女孩不应该局限于自己的家里，还可以探亲访友，扩大其交际面，让自己有机会

把交际应用于实际，并体验交往的乐趣。

2.掌握交往规则和技巧

女孩与父母也是一种人际交往，这时女孩不能总以自己为中心，这样很容易养成古怪的性格，凡事都得依自己的个性，这样一种性格是难以与他人顺利交往的。女孩在与父母的交往中，需要懂礼貌、会合作、喜分享，这样就往往很受同伴的欢迎。

3.提高自己的语言表达能力

人际交往需要一定的语言沟通，这就需要女孩具备一定的语言表达能力。8~9岁是语言发展重要时期，女孩要注意培养自己良好的语言理解能力与出色的语言表达能力。比如，多看课外书，多自己编故事，有意识地训练女孩的语言表达能力。特别是一些性格内向、不善言辞的女孩子，要花时间丰富语言表达内容。

4.多参加体育活动

体育是一种直接与人正面接触和竞争的活动，不管是球类还是田径赛，总是要有两个以上的人参与才有意义。而且，体育活动不仅需要智慧和理论，而且需要胆量。女孩应常常参加各种体育活动，这不但有利于提高自己的身体素质，有利于培养兴趣，同时还有利于提高女孩的交际能力。女孩一旦喜欢上了体育活动，就会寻找对手，而合适的对手就是友谊的伙伴。

5.经常外出旅游

女孩可以利用节假日与父母一起走出家门，走向社会，这可以培养兴趣，开阔心胸。旅游是一种开放性活动，交际也是开放性的，这两者是相通的。交际需要袒露自己，需要主动和热情，一个沉默寡言、性格内向的女孩子，如何有很强的交际能力呢？而在旅游过程中，需要买车票、住旅馆、购门票，如果女孩主动去做这些事情，那就可以直接接触到一些新鲜的事情，了解交际内容。

第15章

找到自己的价值，做不可替代的女孩

女孩，如果你没有选择一个正确的人生方向，即使你有一身才华，也会渐渐地枯萎；寻找到一个属于自己的合适位置，才能奏出一曲和谐动听的乐章。每个人在生命中都要找到一个属于自己的合适的位置，才能发挥出自己最大的价值。

抓住机会，努力展现出你的价值

适用写作关键词：机遇　展示自我

勇于自我推销的女孩

一位刚毕业的女学生到一家公司应聘财务会计工作，面试时即遭到拒绝，因为她太年轻。女大学生没有气馁，一再坚持。她对主考官说：“请再给我一次机会，让我参加完笔试。”主考官拗不过她，答应了她的请求。结果，她通过了笔试，由人事经理亲自复试。

人事经理对这位女大学生颇有好感，因她的笔试成绩最好。但女孩的话让经理有些失望，她说自己没工作过，唯一的经验是在学校掌管过学生会财务。他们不愿找一个没有工作经验的人。人事经理只好敷衍道：“今天就到这里，如有消息我会打电话通知你。”

女孩从座位上站起来，向人事经理点点头，从口袋里掏出一美元，双手递给人事经理：“不管是否录取，请都给我打个电话。”人事经理从未见过这种情况，竟一下子呆住了。不过他很快回过神来，问：“你怎么知道我不给没有录用的人打电话？”

“您刚才说有消息就打，那言下之意就是没录取就不打了。”人事经理对这个年轻女孩产生了浓厚的兴趣，问：“如果你没被录用，你想知道些什么呢？”

“在什么地方不能达到你们的要求，我在哪方面不够好，我好改进。”说完，女孩微笑着解释道：“给没有被录用的人打电话不是公司的正常开支，所以由我付电话费，请你一定打。”

人事经理马上微笑着说：“请你把一美元收回。我不会打电话了，我现在就正式通知你，你被录用了。”就这样，女孩用一美元敲开了机遇大门。

一开始便被拒绝，女孩仍要求参加笔试，说明她有坚毅的品格，她能坦言自己没有工作经验，显示了一种诚信，即使不被录取，也希望能得到别人的评价，说明她有直面不足的勇气和敢于承担责任的上进心。女孩自掏电话费，说明了思维的灵活性，她巧妙地展示了自己公私分明的良好品德，这更是财务工作人员不可或缺的。

知识窗

财务会计指通过对企业已经完成的资金运动全面系统的核算与监督，以为外部与企业有经济利害关系的投资人、债权人和政府有关部门提供企业的财务状况与盈利能力等经济信息为主要目标而进行的经济管理活动。财务会计是现代企业的一项重要的基础性工作，通过一系列会计程序，提供决策有用的信息，并积极参与经营管理决策，提高企业经济效益，服务于市场经济的健康有序发展。

励志点金石

俗话说：“美玉藏于深山，人不知其美，黄金埋于地下，人不知其贵。”

一个优秀的女孩，如果只是深藏不露，而不能表现自己，人们就不能看到她存在的价值。这样下去，即使她有绝世的才华，也渐渐会被埋没。现在是一个讲究张扬自己个性的时代，尤其是身处职场上的人们，在关键时刻恰当地张扬也就是“秀”一下，不失为一个引起别人注意的好方法。

为你支招：女孩如何展现自我？

1.拥有奋发进取的精神

对女孩而言，学习是主要任务，所以女孩要把自己的自我表现欲望向学习方面引导，然后通过坚持不懈地刻苦学习来赢得优异的成绩。这要求女孩要保持充沛、旺盛的精力，保持良好的积极的心态，勤勤恳恳做好每一件事，朝着自己的目标一步一个脚印地迈进。

2.积极竞选班干部

女孩积极竞选班干部，可以使自己拥有在班级为他人服务的机会。由于女孩有表现自己的机会，对工作热情高，干劲足，容易得到其他同学的尊重、支持和配合。通过实践训练，女孩的胆子会越来越大，自我管理能力逐步提高，表现自我的欲望也会增强。

3.天生我材必有用

所谓“天生我材必有用”，有些学习好的女孩，以自己的优秀成绩实现了自己的愿望，在学习上得到了表现自己的机会，这会更加促使她们勤奋，上进，巩固已有的成绩。而有的成绩差的女孩，在学习上不能获得成功，表现的欲望无法实现，在心理上就会出现消极的因素。这时就需要对自己全面了解，发挥自己的优势与特点，比如爱看书、喜欢音乐等。

只要全力以赴，总会有人为你喝彩

适用写作关键词：竭尽全力　努力

你竭尽全力了吗

娜拉小时候学芭蕾舞时，父亲对她严格得近似残酷。每当她想停下来休息时，父亲总是问："你竭尽全力了吗？"娜拉便咬着牙继续练，到筋疲力尽无法站立时，才瘫坐在地上休息。日复一日枯燥乏味的练功生活使娜拉觉得学芭蕾舞简直是一种痛苦，她开始厌烦练功，打算放弃芭蕾。父亲得知后说："你今天放弃了芭蕾，明天还会放弃别的，因为干任何事情都会遇到无法预料的艰难。如果你决定去做什么事，你就要用尽全力去做，否则你会一事无成。"

娜拉委屈地说："可我天天的生活都是一样的，那就是练功。"父亲说："任何一个学芭蕾舞的人都是这样，别人都能做到，你为什么不能，除非你是弱者。"

娜拉不想成为弱者，她用父亲经常说的"你竭尽全力了吗？"这句话激励自己，练功累了就用海绵擦洗一下四肢，借以恢复体力。最后她的舞步练得灵巧如燕，终于成了一名著名的芭蕾舞演员。

追求成功就要信仰成功，信仰成功才会每时每刻都竭尽全力，而不是偶尔竭尽全力，成功与失败只差这么一点。在做事时，只要你竭尽所能，做得比一

般人更好、更精确，你自然能引起别人的重视，而使你不断发展和进步。事实上，各行各业都需要全心全意、尽职尽责的人，所以，不管从事什么工作，平凡的也好，令人羡慕的也好，都应该尽心尽责，以求不断进步。

知识窗

芭蕾，欧洲古典舞蹈，用音乐、舞蹈手法来表演戏剧情节，由意大利语ballet音译而来。芭蕾舞孕育于意大利文艺复兴时期，17世纪后半叶开始在法国发展流行并逐渐职业化，在不断革新中风靡世界。芭蕾舞最重要的一个特征即女演员表演时以脚尖点地，故又称脚尖舞。其代表作品有《天鹅湖》、《仙女》、《胡桃夹子》等。芭蕾在近四百年的历史成长过程中，对世界各国影响很大，传布极广，至今已成为世界各国都全力发展的一种艺术形式。

励志点金石

海明威曾经说过：“一个人只要全力以赴地去做一件事，不论结果如何，他都是成功者。相反，一个人如果没有全力以赴，即使得了第一，又能问心无愧吗？”

不要过多地在意结果，要注重过程。女孩会发现，只要全力以赴，总会有人为你喝彩。生活中，经常会出现种种山穷水尽的情况，无论是尽力而为还是全力以赴地去解决，都可以出现成功与不成功两种结果，但体现出的是对人生、对自身潜能截然不同的态度：尽力而为是一句托辞，是对自己解决问题态度的一种主观原谅；全力以赴则是对自身潜能的最大挖掘，是对一个问题的执着与负责，是必要时进行自救的法宝。

为你支招：女孩如何竭尽全力学习？

1.多读课外书

古人云：“书中自有黄金屋，书中自有颜如玉。”也有人提出“书籍是

人类进步的阶梯”，由此可见，有益的书对人们的影响是百利而无一害的。那些有益的书可以增长女孩的知识，拓展女孩的视野，让女孩们畅游在书的世界里。而知识就是力量，在女孩以后的学习生涯中，读书所带来的收益就会展露无遗。书还可以为女孩带来无穷的乐趣，翻开一本《格林童话》，女孩如同走进了一个美丽的童话世界，有惊险刺激的斗争，有幸福美丽的场面，这些表现出来的真与善、美与丑都会渗透女孩的心里，她会发觉到读书的乐趣。孩子学习之余的时间里以读书作为消遣，这是一种乐趣，也是一种学习。

2.培养自己的观察能力

观察能力是女孩熟悉世界的窗口，女孩需要具备良好的观察能力，才能够从简单的生活中获取更多的知识。女孩可以利用自己的器官去观察，比如，用眼睛看一看外形以及颜色，用手摸一摸事物的表面，用耳朵听一听事物的声音，用鼻子闻一闻事物的气息，必要时可以用嘴巴尝一尝。这样女孩多种感觉去接触事物，才会获得很好的观察效果，对所观察的事物也会留下深刻的印象。当然，女孩的观察能力不是一朝一夕就能培养出来，必须要经过长期的训练，女孩千万不要忽视这方面能力的培养。

3.坚持写日记

有人说日记是人生的轨迹，它描绘着天真烂漫的童年，五彩斑斓的青少年，幸福安康的晚年。如果女孩能养成写日记的好习惯，这对她的一生都是有益的。写作是语文学习的重要内容，而语文又是一门基础课，学好语文是学好其他科目的重要基础。但是，在实际生活中，许多女孩听说写作，头就摇得像个拨浪鼓一样，她们常常会抱怨“讨厌写作，害怕写文章”。其实，提高自己的写作水平，这并不是一蹴而就的事情，而需要平日一点一滴地积累，坚持不懈地努力才能有所提高。而写日记则是一种最有效的方式，它能够有效地提高学生的写作水平。

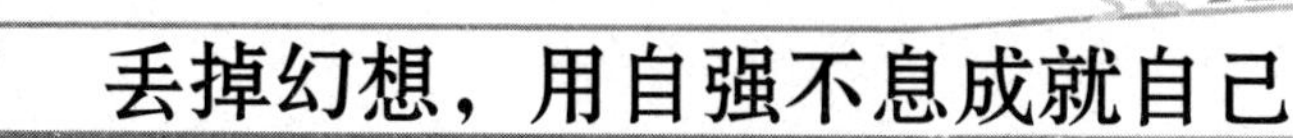

丢掉幻想，用自强不息成就自己

适用写作关键词：自信　自立

我只想拥有自己真实的高度

法国著名的小说家小仲马，年轻时喜欢创作，头几年写的作品统统被编辑退回来。他父亲大仲马怕儿子受不了打击，便建议说：“你如果能在寄稿时告诉编辑你是大仲马的儿子，或许情况就会好多了。”小仲马固执地说：“不，我不想坐在你的肩头上摘苹果，那样摘来的苹果没味道。”年轻的小仲马不但拒绝以父亲的盛名做自己事业的敲门砖，而且不露声色地给自己取了十几个其他姓氏的笔名，以免让那些编辑把他与大名鼎鼎的父亲联系起来。

小仲马面对那些冷酷无情的一张张退稿笺，没有沮丧，他对自己说：“我能成功，一定能成功！”他的长篇小说《茶花女》寄出后，终于以其绝妙的构思和精彩的文笔震撼了一位知名的老编辑。这位编辑曾和大仲马有过多年的书信来往，他发现《茶花女》投稿人的地址和大仲马的地址丝毫不差，怀疑是大仲马另取的笔名。但作品的风格却和大仲马的迥然不同。他带着这些疑问去拜访大仲马。

令他大吃一惊的是，《茶花女》这部伟大作品的作者，竟是大仲马的儿子小仲马。“你为何不在你的稿子上署上你的真实姓名呢？”老编辑不解地问小仲马，小仲马说：“我只想拥有自己真实的高度。”

别人所给予的永远都不会属于你自己。一个想要成功的人，不应满足于送入笼中的食物，而应该努力掌握自己捕猎的技能，找寻开启这个世界的钥匙。没有什么神明能保佑你，能帮助你摆脱现状的唯有自己——你就是自己的主宰！懂得为自己奋斗的人，绝不会满意于目前的成就，也不会因为他人的夸奖而沾沾自喜。他们总是不停地向前迈进，在他们的眼中，下一次的努力永远都可能创造更高的成就。

知识窗

亚历山大·小仲马是法国著名小说家大仲马任奥尔良公爵秘书处的文书抄写员时与一女裁缝所生的私生子。《茶花女》是小仲马的第一部扬名文坛的力作，小说所表达的人道主义思想，体现出人间的真情，人与人之间的关怀、宽容与尊重，体现了人性的爱，这种思想感情引起人们的共鸣，并且受到普遍的欢迎。

励志点金石

潜能激励专家魏特利曾说过这样的话：“没有人会带你去钓鱼，要学会自立自主。”

假如你现在正处于一个十分不利的位置，那么你必须丢掉幻想。这世上锦上添花者多，雪中送炭者少。如果你坚强，别人也许愿意拉你一把；如果你懦弱，看客多数会袖手旁观。从艰苦卓绝的环境中脱颖而出的人，他们最初的处境并不见得就比我们强多少。所以，我们要成就事业，必须丢掉幻想，自强不息，奋力游向胜利的彼岸。

为你支招：女孩如何成就优秀的自己？

1.提高自己的心理素质

女孩要有意识地提高自己的心理素质，尤其是让自己学会面对失败挫折。女孩不仅需要身体健康，更需要心理健康。在平时的学习生活中，女孩经常面对考试低分、同学矛盾、他人议论、迷茫等种种不利情况，往往会情绪激动：有的大哭大闹，有的乱发脾气，有的离家出走。所以，女孩培养自己受挫折的心理承受能力是自强自立内涵的重要部分。

2.对自己说“我自己来，我能行”

如果女孩什么事情都依靠父母，自己总怕受苦受累，那只会使自己的处事能力越来越低，最后很难独立生存，甚至在今后前进的过程中举步维艰，很快被激烈的社会竞争所淘汰。所以，女孩要放开自己的手脚，大胆把自己的潜能释放出来，经历过风吹雨打才能让自己真正学会自立自强。

3.调动自己的自我管理、自我教育方面的积极性

女孩在平时要多参加活动，比如在清洁卫生评比活动中，通过活动从而达到自立的思想教育的目的。女孩乐意参与这样的活动，也会成为自己人生中一次很难忘的经历。通过参加一系列活动，让自己深有感触：自己长大了，有了自己思考问题的方法，不应总是躲在父母的影子下，而懂得自信、自立、自强，学会自己打造出一片天地。同时也认识到，生活是布满困难与挫折的。

让自己适应环境，做一个正确的人

适用写作关键词：改变　乐观

生存决定于改变的能力

福勒是美国一个黑人佃农的儿子。他5岁就开始参加家庭劳动，他们一家一直过着很贫穷的生活。福勒有一位不平常的母亲，她很早就发现福勒与其他6个孩子不同。母亲有意识地经常将福勒拉在身边，跟他谈论心中的想法。她反复地说："福勒，我们不应该贫穷！我们的贫穷不是由上帝安排的，而是我们家庭中的任何人都没有产生过出人头地的想法……"

我们的贫穷是因为我们没有奢想过富裕！这个观念在福勒的心灵刻下了深深的烙印，成就了他以后无比辉煌的事业。福勒改变贫穷的愿望像火花一样迸发了出来——他挨家挨户推销肥皂达12年之久，并由此获得了许多商人的尊敬和赞赏。一段时间以后，福勒不仅在最初工作的那个肥皂公司，而且在其他7个公司都获得了控股权。可以说，福勒获得了巨大的成功。他彻底改变了家庭的贫穷，扭转了家庭的命运。

"适者生存，不适者则被淘汰"，这是自然规律，世上的事物时时刻刻都在发生着改变。如果你跟不上社会的步伐，你会被社会抛得越来越远。面对这样的状况，只有改变自己才是出路。许多时候，担心是多余的，欣然地面对现

实，勇敢地接受挑战，就会塑造一个“全新的自己”。人生是由一连串的改变形成的。当你的环境、教育、经验、吸收的信息发生变化，你的心理多多少少都会产生不同程度的变化。

知识窗

适者生存：达尔文自然选择学说的一个组成部分，认为自然选择使那些较不适应环境的个体淘汰，最能适应环境的个体得以保存和繁荣。

达尔文认为，自然选择过程是一个长期的、缓慢的、连续的过程。由于生存斗争不断地进行，因而自然选择也是不断地进行，通过一代代的生存环境的选择作用，物种变异被定向地向着一个方向积累，于是性状逐渐和原来的祖先不同了，这样，新的物种就形成了。由于生物所在的环境是多种多样的，因此，生物适应环境的方式也是多种多样的，所以，经过自然选择也就形成了生物界的多样性。

励志点金石

成功学专家陈安之说：“不要把赚很多钱当作是你人生最重要的目标。只要你能够成为最好的人物，最好的事情也就会发生在你身上。当你想要得到一切最美好的事物，你必须把自己变成最好的人。”

所以，女孩在失意的时候，不要急着抱怨这个世界不公平，世界从来不会因为某个人的抱怨而改变。不如改变自己来适应环境，如果人是正确的，他的世界就是正确的。

为你支招：女孩如何改正自己的缺点？

1.确认自己的优点，欣赏自己的优点

找出自己缺点的对应优点，然后在自己的身上确认这个优点，放大优点，多使用“亮点原则”。确认欣赏自己的优点，会导致对自己感觉良好，并认为

自己的每一点努力都能取得成就。因此，自我赞美有利于培养自信心。

2. 鼓励自己做进一步的改善

告诉自己没有十全十美的事，也没有一无是处的事情，凡事都有改善的地方。自己只要用发展的眼光，信赖的态度，表达出对自己进一步改善充满了信心。一旦明白了这个道理，便会努力按照自己的要求去改正身上的缺点和毛病，力争让自己满意。

3. 对自己要有耐心，持续地信任与鼓励自己

女孩对自己持续地信任与鼓励能给自己以巨大的信心。女孩会因此产生一种心理："我就是一个好孩子""一个聪明的孩子""一个听话的孩子"。在这种心理状态下，女孩会一天天进步起来，会一天一天创造奇迹，甚至让人刮目相看。

经营长处能使自己的人生增值

适用写作关键词：兴趣　特长

我只做自己擅长的事情

奥托·瓦拉赫是诺贝尔化学奖获得者，他的成才极富传奇色彩。瓦拉赫在开始读中学时，父母为他选择的是一条文学之路，不料一个学期下来，老师为他写下了这样的评语："瓦拉赫很用功，但过分拘泥，这样的人即使有高超的智慧，也绝不可能在文学上发挥出来。"父母亲尊重老师的意见，让他改学油画。可瓦拉赫既不善于构图，又不会润色，对艺术的理解力也不强，成绩在班上是倒数第一，学校的评语更是令人难以接受："你是绘画艺术方面的不可造就之才。"面对如此"笨拙"的学生，绝大部分老师认为他已成才无望，只有化学老师认为瓦拉赫做事一丝不苟，具备做好化学实验应有的品格，建议他试学化学。父母又接受了化学老师的建议。这下，瓦拉赫智慧的火花一下被点着了。文学艺术的"不可造就之才"一下子变成了公认的化学方面的"前程远大的高材生"。在同类学生中，他遥遥领先……

瓦拉赫的成功，说明这样一个道理：人的智能发展都是不均衡的，都有智能的优点和弱点，人一旦找到自己的智能的最佳点，使智能潜力得到充分的发挥，便可取得惊人的成绩。这一现象人们常称之为"瓦拉赫效应"。成功的诀

窍在于经营自己的个性长处，经营长处能使自己的人生增值，否则，必将使自己的人生贬值。

知识窗

化学是自然科学的一种，在分子、原子层次上研究物质的组成、性质、结构与变化规律，创造新物质的科学。世界由物质组成，化学则是人类用以认识和改造物质世界的主要方法和手段之一。它是一门历史悠久而又富有活力的学科，它的成就是社会文明的重要标志，化学中存在着化学变化和物理变化两种变化形式。

励志点金石

莎士比亚曾说："对自己要真实，如此，你就可以永远呈现出最美的面孔。"

这就是说，你只有做自己感兴趣的事情，才能够有所进步，并达到成功的巅峰。否则，将逆水行舟，不进则退，最终难成辉煌。我们从一些成功人士的身上细细观察，就会发现他们的事业和自己的兴趣总是紧紧联系在一起。正是因为这一点，他们总能对工作怀着无限的热情和喜爱，并全力以赴地为之奋斗和付出。

为你支招：女孩如何经营自己的特长？

1.有了兴趣才会认真学

从心理学的角度看，没有兴趣的东西，是乏味的，要学习只能是被动的、痛苦的，有些女孩甚至认为是为父母学，为老师学，是别人"要我学"；如果对学习的知识有兴趣，那么，学习就是愉悦的，能变被动为主动，变"要我学"为"我要学"，求知欲望会大大增强，学习目标明确了，学习过程也就形成了一个良性循环。

2.以兴趣、资源为原则积极展开课外活动

在课堂之外，女孩要以兴趣、资源为原则积极展开课外活动，使自己的特长得到充分的培养、发展。人与人之间的差异产生在业余时间，因为在业余时间选择参与的活动，有可能使人获得自由的、富有个性的发展。女孩可以根据自己的特长，从自己的强项入手，争取以点带面，全面提高自己的素质。

3.参加各种比赛

活动比赛无疑为女孩提供一个施展才能、锻炼提高的实践舞台，充分发挥她们在美术、音乐、表演、朗诵、手工制作、体育竞技等方面的才能，从而在这个过程中体验到成功的喜悦。渐渐地，自己会书写画画了，可以办小报了，可以拿出优秀的书画作品了。努力挖掘自己的特长，为未来做好准备。